高职高专实验实训“十三五”规划教材

棒线材生产实训指导

王　磊　编

北　京
冶金工业出版社
2016

内 容 简 介

本书按情景任务形式编写，主要内容包括高速线材生产、棒材生产、棒材生产仿真操作、棒材轧制仿真操作以及棒材精整操作等内容。

本书可作为高职高专材料成型与控制技术专业教材，也可作为冶金企业材料成型等相关岗位职工培训教材或辅导书，还可供相关工程技术人员参考。

图书在版编目(CIP)数据

棒线材生产实训指导/王磊编．—北京：冶金工业出版社，2016.9

高职高专实验实训“十三五”规划教材

ISBN 978-7-5024-7260-3

Ⅰ.①棒…　Ⅱ.①王…　Ⅲ.①线材轧制—高等职业教育—教材　Ⅳ.①TG335.6

中国版本图书馆 CIP 数据核字(2016) 第 146063 号

出 版 人　谭学余
地　　址　北京市东城区嵩祝院北巷 39 号　邮编　100009　电话　(010)64027926
网　　址　www.cnmip.com.cn　电子信箱　yjcbs@cnmip.com.cn
责任编辑　俞跃春　贾怡雯　美术编辑　杨　帆　版式设计　葛新霞
责任校对　卿文春　责任印制　李玉山

ISBN 978-7-5024-7260-3

冶金工业出版社出版发行；各地新华书店经销；三河市双峰印刷装订有限公司印刷
2016 年 9 月第 1 版，2016 年 9 月第 1 次印刷
787mm×1092mm　1/16；8.75 印张；205 千字；128 页

24.00 元

冶金工业出版社　投稿电话　(010)64027932　投稿信箱　tougao@cnmip.com.cn
冶金工业出版社营销中心　电话　(010)64044283　传真　(010)64027893
冶金书店　地址　北京市东四西大街 46 号(100010)　电话　(010)65289081(兼传真)
冶金工业出版社天猫旗舰店　yjgycbs.tmall.com

天津冶金职业技术学院冶金技术专业群及环境工程技术专业“十三五”规划教材编委会

序

2016年是“十三五”开局年，我院继续深化教学改革，强化内涵建设。以冶金特色专业建设带动专业建设，完成了冶金技术专业作为中央财政支持专业建设的项目申报，形成了冶金特色专业群。在教学改革的同时，教务处试行项目管理，不断完善工作流程，提高工作效率；规范教材管理，细化教材选取程序；多门专业课程，特别是专业核心课程的教材，要求其内容更加贴近企业生产实际，符合职业岗位能力培养的要求，体现职业教育的职业性和实践性。

我院还与天津市教委高职高专处联合召开“天津市高职高专院校经管类专业教学研讨会”，聘请国家高职高专经济类教学指导委员会专家作专题讲座；研讨天津市高职高专院校经管类专业教学工作现状及其深化改革的措施，对天津市高职高专院校经管类专业标准与课程标准设计进行思考与探索；对“十三五”期间天津高职高专院校经管类专业教材建设进行研讨。

依据研讨结果和专家的整改意见，为了推动职业教育冶金技术专业教育改革与建设，促进课程教学水平的提高，我们组织编写了冶炼、轧制等专业方向职业教育系列教材。编写前，我院与冶金工业出版社联合举办了“天津冶金职业技术学院‘十三五’冶金类教材选题规划及教材编写会”，并成立了“天津冶金职业技术学院冶金技术专业群及环境工程技术专业‘十三五’规划教材编委会”，会上研讨落实了高职高专规划教材及实训教材的选题规划情况，以及编写要点与侧重点，突出国际化应用，最后确定了第一批规划教材，即汉英双语教材《连续铸钢生产》、《棒线材生产》、《热轧无缝钢管生产》、《炼铁生产操作与控制》四种，以及《金属塑性变形与轧制技术》、《轧钢设备点检技术应用》、《棒线材生产实训指导》、《大气污染控制技术》、《水污染控制技术》和《固体废物处理处置》等教材。这些教材涵盖了钢铁生产、环境保护主要岗位的操作知识及技能，所具有的突出特点是理实结合、注重实践。编写人员是有着丰富教学与实践经验的教师，有部分参编人员来自企业生产一线，他们提供了可靠的数据和与生产实际接轨的新工艺新技术，保证了本系列教材的编写质量。

本系列教材是在培养提高学生就业和创业能力方面的进一步探索和发展，符合职业教育教材“以就业和培养学生职业能力为导向”的编写思想，对贯彻和落实“十三五”时期职业教育发展的目标和任务，以及对学生在未来职业道路中的发展具有重要意义。

天津冶金职业技术学院　教学副院长　孔维军

2016年4月

前 言

本书参照冶金行业职业技能标准，以校内实训基地和校外实训基地为基础，参照冶金行业职业技能标准和职业技能鉴定规范，依照冶金企业的生产实际和岗位群的技能要求编写，作为材料成型与控制技术专业实训课程的培训用书。在具体内容的组织安排上，力求简明、通俗易懂，理论联系实际，着重应用，便于学生掌握棒线材生产的相关理论知识点和操作技能，学员通过仿真操作可以达到与实际生产相同的实践效果。

随着新产品、新技术的开发与应用及校内实训基地的完善，需不断充实岗位操作内容，将实训与实际生产更好地结合，希望读者和专家提出修改意见，以便今后修订完善。

本书由天津冶金职业技术学院王磊编写，天津冶金集团天铁轧二有限公司刘红心高级工程师审阅。

由于编者水平有限，书中不妥之处，敬请读者批评指正。

编者

2016年4月

目录

情境1　高速线材生产

任务1.1　工 艺 流 程

1.1.1　工艺流程

高速线材工艺流程如图 1-1 所示。

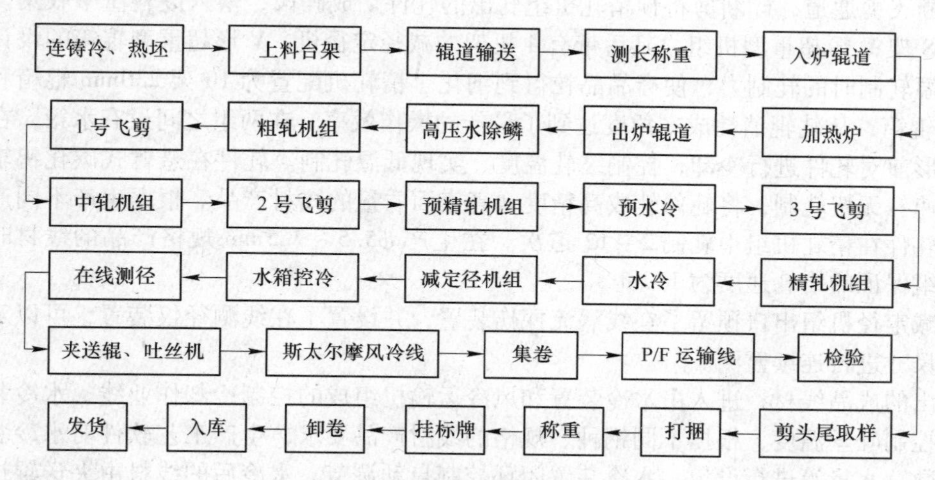

图 1-1　高速线材生产工艺流程

正常生产时，连铸坯由电磁盘吊车吊至 +5.0m 平台上的上料台架，上料台架的偏心轮转动机构将坯料以步进方式向前输送，靠台架输出端的气动挡料装置下降，使坯料逐根滑落到入炉辊道上。入炉辊道将坯料向前输送，经设在辊道中的坯料秤称重，自动显示记录每根坯料的重量。坯料在装炉辊道运输过程中由自动测长装置对坯料进行测长，使坯料进入加热炉后能够准确对中。

坯料进入加热炉定位停稳后，由设在炉尾端部的推钢机将坯料从炉内辊道上平行推到固定梁上，步进梁将坯料向前输送加热。步进梁式炉按不同钢种的加热制度，将坯料加热到 1000 ~1150℃，加热炉设计能力为 150t/h（二高线加热炉的设计能力为 110t/h）。

加热好的钢坯由炉内辊道输送出炉，然后设在出炉口的高压水除鳞装置对红坯在 0.8 ~1.5m/s 的运行速度下，以高压水进行除鳞。钢坯在出炉辊道上由机前夹送辊喂入粗轧机组第一架轧机中。

钢坯在六架平立交替布置的粗轧机组中连续地进行无扭转微张力轧制，由 1 号飞剪切去头（事故时可将轧件碎断），而后轧件进入六架平立交替布置的中轧机组进行轧制，中轧机组为微张力轧制，轧件出中轧机组后再由 2 号飞剪切头（事故时可将轧件碎断），进入预精轧机组轧制。预精轧机组共六架轧机，前两架和粗中轧机组一样都是闭口式轧机，中间两架为悬臂辊环式轧机平立交替布置，后两架为 V 形顶交式轧机。在预精轧机组前、预精轧闭口式轧机之间及两架悬臂辊式轧机之间共设有3个立活套，悬臂辊式轧机之前及V形顶交轧机之前各设有1个侧活套。轧件进入预精轧机组后，活套立即启动，使轧件在预精轧机组之间处于无张力状态。侧活套的出口处设有卡断剪，事故状态时卡断轧件，便于事故处理。轧件的活套位置由活套扫描器控制，自动调节，保持活套稳定，以使轧件在轧制过程中处于无张力状态，从而保证进入精轧机组轧件尺寸的精度。

轧件出预精轧机组后先经水箱冷却，精轧前预水冷设2段水箱，以控制轧件进入精轧机组的温度。预水冷装置采用闭环控制，经水冷后的轧件由精轧机组前的飞剪切头后进入精轧机组，在精轧机组飞剪前设有一个夹送辊，在生产大规格产品和事故时帮助输送轧件。在精轧机组前布置有侧活套和卡断剪。当轧件进入精轧机组后发生事故时，卡断剪立即启动以使后续轧件不能继续进入精轧机，同时飞剪启动将轧件分断，转辙器将后续轧件导入碎断飞剪通道，碎断剪将预精轧机组轧出的轧件切成碎段，落入废料筐中收集。精轧机组为8架V形超重型机组，其后带有4机架的减径定径机。V形超重型辊箱的设计，提高了低温轧制时的轧制力，使产品晶粒得到细化。精轧机配置为10架230mm辊箱和2架150mm辊箱，从轧辊消耗成本角度达到了最佳的操作效率。在两组之间设有水箱，在轧件最终变形前对轧件进行冷却，控制终轧温度、实现低温轧制。轧件在悬臂式碳化钨辊环中进行高速、无扭轧制，将轧件轧成高精度、高表面质量的线材产品。根据生产不同产品的规格，轧件在精轧机组中轧制2～12道次。在生产ϕ5.5～7.5mm规格产品的线材时，减定径机组保证的终轧速度为112m/s。

在减定径机组出口预留了在线涡流探伤装置，并设置了在线测径仪装置，可以对成品表面和尺寸进行连续监测。

轧出的成品线材，进入由水冷装置和风冷运输机组成的控制冷却作业线。水冷装置主要用于控制吐丝温度，根据不同钢种、规格的线材产品要求，生产工艺软件对水冷装置的使用段数、水量等进行设定，水冷装置闭环控制自动调节。水冷后的线材由夹送辊送入吐丝机，高速前进的线材经吐丝机后形成直径约为1075mm的螺旋形线圈，均匀地铺放在散卷风冷运输辊道上。辊道式延迟型运输线设有16台大风量风机，辊道上部设有可开启的绝热盖。当辊道将散卷向前运送时，根据处理的钢种、规格的不同，按工艺制度对辊道的速度、风量、开启或关闭保温罩进行设定，以控制线材的冷却速度。当线圈输送到集卷机时已完成相变，使成品线材具有良好的金相组织和所需要的均匀一致的力学性能。

螺旋状的线材在风冷运输机的“尾”部平稳地落入集卷筒，线圈分配器均匀分配线圈，降低盘卷高度，形成外径为ϕ1250mm内径为ϕ850mm的盘卷。集卷时线材温度为350～600℃。当一卷线材收集完毕后，“快门”托板托住“鼻尖”，集卷装置的芯筒下降回转，将立卷翻转成卧卷状态，同时另一个芯筒（无盘卷的芯筒）由水平位置回转到集卷机中心的垂直位置，顶住“鼻尖”，“快门”托板打开，使集卷工作继续进行。盘卷运输小车将套在芯筒上的松散卧卷移出，并挂到处于等待状态的悬挂式运输机（P&F线）的钩子上。盘卷挂好后，运卷小车返回，等待下一个盘卷。载有盘卷的钩子由运输机链条带动沿轨道运行。盘卷继续冷却，在检查站的位置由人工进行检查、取样和切头尾工作。钩子载着盘卷继续运行到打捆站时，由卧式打捆机先将松卷压紧，然后自动穿线捆扎。两条生产线共配备了3台打捆机（其中1台为两线共用），并预留1台。捆好的盘卷在盘卷秤上称重、标记。钩式运输机最后把盘卷送到卸卷站，小车将盘卷从钩子上取下，把盘卷放到盘卷收集筐中。P&F线的空钩继续运行，返回到集卷站处循环使用。成品库的磁盘吊车将卸卷站处盘卷收集筐中的盘卷吊运至成品堆存区存储、发货。

1.1.2　生产品种、钢种、规格

（1）品种：热轧光面盘条、钢筋混凝土用热轧带肋钢筋。

（2）钢种：低碳钢、中碳钢、高碳钢、低合金钢、冷镦钢、焊条焊丝钢。

（3）设计规格：ϕ5.0～20.0mm 共 31 个规格光面盘圆；ϕ6.0～14.0mm 共 6 个规格盘螺。

1.1.3　原料

（1）原料规格：150mm×150mm，160mm×160mm 断面方坯，方坯外形允许偏差应符合表 1-1 的规定；ϕ150mm 圆坯，外形允许偏差应符合表 1-2 的规定。

表 1-1　方坯外形要求

<table>
<tr><th>检查项目</th><th>检 查 标 准</th><th>备 注</th></tr>
<tr><td>边长</td><td>150～160mm：±5.0mm</td><td rowspan="4">（1）头部因剪切变形造成的宽展不得大于边长的10%；
（2）连铸坯不得有明显扭转；
（3）连铸坯表面不得有肉眼可见的裂纹、重叠、翻皮、结疤、夹杂、深度或高度大于3mm的划痕、压痕、擦伤、气孔、冷溅、耳子、凸块、凹坑和深度大于2mm的发纹。连铸坯横截面不得有缩孔、皮下气泡</td></tr>
<tr><td>对角线差</td><td>150～160mm：≤7.0mm</td></tr>
<tr><td>弯曲度</td><td>总弯曲度不得大于总长度1%，1m不超过20mm</td></tr>
<tr><td>长度</td><td>最短不得小于9m，150mm断面最长不得大于12.5m，160mm断面最长不得大于12.0m，其他断面最长不得大于16m</td></tr>
</table>

表 1-2　圆坯外形要求

<table>
<tr><th>检查项目</th><th>检 查 标 准</th><th>备 注</th></tr>
<tr><td>公称直径</td><td>ϕ150mm：±2.1mm</td><td rowspan="5">（1）圆坯表面不得有肉眼可见的裂纹、重叠、翻皮、结疤、夹杂、深度或高度大于2mm的划痕、压痕；
（2）圆坯表面缺陷允许清理，清理处应圆滑无棱角，清理深度不得超过10mm，长深比≥8，宽深比≥6。同一截面最大清除深度不多于一处</td></tr>
<tr><td>椭圆度</td><td>圆坯的椭圆度小于等于公称直径的2.5%，拉矫机压痕部位椭圆度不得大于公称直径的4%</td></tr>
<tr><td>弯曲度</td><td>圆坯局部弯曲度≤6mm/m，总的弯曲度不得大于全长的0.6%</td></tr>
<tr><td>端面切斜</td><td>切斜度≤8mm</td></tr>
<tr><td>长度</td><td>最短不得小于9m，最长不得大于16m</td></tr>
</table>

（2）技术条件执行：产品所对应的国标、冶标、企标或与用户签订的技术协议。

（3）热轧盘条尺寸、外形、重量及允许偏差执行 GB/T 14981—2004，成品精度要求见表 1-3。

表 1-3　成品精度要求

直径/mm	允许偏差/mm			不圆度/mm		
	A 级精度	B 级精度	C 级精度	A 级精度	B 级精度	C 级精度
ϕ5.0～10.0	±0.30	±0.25	±0.15	≤0.50	≤0.40	≤0.24
ϕ10.5～15.0	±0.40	±0.30	±0.20	≤0.60	≤0.48	≤0.32
ϕ15.5～20.0	±0.50	±0.35	±0.25	≤0.70	≤0.56	≤0.40

注：精度级别应在相应的产品标准或合同中注明，未注明者按 A 级精度执行。

任务1.2 原料准备

1.2.1 钢坯上料台架

1.2.1.1 钢坯台架

位置：钢坯跨内。

作用：作为钢坯料场与入炉辊道之间的缓冲存放区，使钢坯能逐根从上料台架送入入炉辊道上。

特点：电磁起重机能一次将一层钢坯送到上料台架上。

台架的钢坯规格：端面135mm×135mm，最长16m(2300kg)，最短11m（1550kg)。

台架的最大承载力为40根钢坯（约92t)。

结构：有5根平行的固定梁和5根插入的移动梁组成，活动梁通过一根偏心轴传动。

部件：(1）挡板。位于入炉辊道旁边，作用是将钢坯一一隔开，避免前后两根钢坯同时进入上料辊道。(2）极限开关。旋转位置指示器是直接连接在偏心轴的主动轮上，便于使极限开关转数等于偏心轴的转数。(3）工作周期。15r/min（即4.29s转360°)。

操作周期：(2300kg钢坯）1次/81s（无间歇)。

驱动轴偏心距：66mm。

气动系统的工作压力：4bar（1bar=100kPa)。

控制方式：上料台架的驱动由操作台的手动按钮操作，挡板自动升起以确保每个步进周期只有一根钢坯传送到输送辊道上。

1.2.1.2 剔除装置

功能：位于上料台架的同侧及称重桥的对面。由一根枢轴和安装在枢轴上的六根剔除臂组成。剔除时，四个气缸伸出，使剔除臂抬起，钢坯从辊面上升起，滑动到剔除臂上，进入剔除面处。

1.2.2 带称重的加热炉装料辊道

位置：位于坯料存放跨，在钢坯台架和步进式加热炉装料侧之间。

作用：将钢坯逐根送到加热炉装料侧。

特点：一个固定挡板位于入炉辊道端头，防止钢坯辊道反转时从辊道上掉下。两个升降挡板，一个在上料台后，一个在加热炉前，1号挡板作用是将钢坯剔出前对中，防止钢坯进入称重区。2号挡板用于钢坯定位称重和防止钢坯未经称重入炉。

装料辊：15个（1~15号）均用交流齿轮马达单独传动。

固定挡板至加热炉外墙的全长约39.8m。

称重装置：位置为第二排入炉辊道下游（两个升降挡板之间)，作用是入炉钢坯称重。

技术数据：起缸工作压力为4bar（1bar=100kPa)；辊道的辊子直径为380mm，辊长为500mm；辊距1～6号为3.0m，5～15号为2.5m；辊道速度最大为1.57m/s；升降挡板行程为230mm，宽度为800mm，缓冲能力为2940N·m。

辊道秤：称重周期为15～18s，最大称量为2300kg。

任务1.3 钢坯加热

1.3.1 加热特点及加热缺陷

高速线材轧机钢坯加热的特点是，温度制度严格，要求温度均匀，温度波动范围小，温度值准确。加热的通常要求，如氧化脱碳少，钢坯不发生扭曲，不产生过热过烧等。

高速线材轧机坯重大，坯料长，钢坯的加热温度是否均匀特别重要。最理想的是钢坯各点到达第一架轧机时其轧制温度始终一样。要做到这一点常将钢坯两端温度提高一些，钢坯头部先接触轧辊，温降大，尾部出炉后在加热炉与第一架轧机之间停留的时间较前端长，要求第一架轧制时温度相同，通常钢坯两端比中部加热温度高30～50℃。

对钢坯的加热温度和轧制温度要求严是为了满足高速轧机轧制线材中实现控制轧制的需要及控制线材的最终性能。

1.3.1.1 钢坯的加热温度

在轧制速度较低的高速线材轧机上，钢坯的加热温度与棒材轧机相似。钢坯的加热温度主要根据铁-碳相图中组织转变温度来确定，同时，必须满足轧钢工艺的要求，一般钢坯的加热温度都在1050～1250℃。具体确定加热温度还要看钢种、钢坯断面规格、控冷开始温度和轧钢工艺及设备的条件。

1.3.1.2 钢坯的加热速度和加热时间

(1) 钢坯的加热速度通常指单位时间内钢坯表面温度的上升速度，以℃/h表示。在实际生产中，用单位厚度的钢坯加热到规定温度所需时间（min/cm）或单位时间内加热的钢坯厚（cm/min）来表示。钢坯的加热时间通常指钢坯从常温加热达到出炉温度所需的总时间。

(2) 加热速度和加热时间受炉子热负荷的大小和传热条件、钢坯规格和钢种导温系数大小的影响。加热速度大时，能充分发挥炉子的加热能力，在炉时间短；烧损率小，燃耗低。

各钢种在步进炉中的加热速度的经验数据见表1-4。

表1-4 步进炉中各钢种的加热速度

钢种	加热速度/min·cm^{-1}
低碳钢	6～9
低合金钢	9～12
高碳钢	12～18
高合金钢	18～24

1.3.1.3　加热缺陷

A　钢坯的氧化烧损

在钢坯的加热过程中，钢坯表面的铁元素与炉气中的氧化性气体发生氧化反应，生成铁的氧化物，造成金属的损失，这种现象称为钢坯的氧化烧损。钢坯的氧化烧损用烧损率来表示，其意义就是烧损掉的金属重量在钢坯总重量中所占的百分比。氧化烧损必然降低钢坯的成材率。

B　钢坯表面脱碳

钢坯在加热过程中，其表面的碳元素被氧化，使钢坯表面含碳量减少，这种现象被称为钢坯的表面脱碳。含碳量大于0.35%~0.4%的钢都具有脱碳倾向。由于脱碳，钢材表面与内部的含碳量不一致，降低了钢材的强度，影响了钢材的使用性能。

钢中的Al、Co、W等元素加快脱碳，Cr、Mn等元素抑制脱碳。

C　钢坯的过热和过烧

钢在加热过程中的过热和过烧都意味着钢的结晶组织发生了变化。钢坯在高温下长时间加热时，钢的晶粒不断长大，当晶粒长大到一定程度时，晶粒间结合力减弱，钢的塑性变坏。这种现象就是钢的过热。

1.3.2　钢坯加热炉设备简介

额定能力为100t/h；连续生产能力为110t/h；峰值能力为150t/h；钢坯出炉要求为断面温差不超过30℃，两端（约2m）纬度高出30~50℃。

炉型：采用组合式步进炉，上料段为上加热和下加热的步进梁式结构，出料段为只有步进底式的结构，供热均采用端部燃油喷嘴。

主要尺寸：有效长度为16080mm，炉内宽为16750mm，固定底标高为+5805mm。

布置：炉子下加热部分设置有5根步进梁和8根固定梁，梁采用水冷却。

步进梁运动的主要参数：升降总行程为110+70=180mm，步距为260mm，步进周期为48s。

步进梁有轻抬、轻放、抬平、踏步和倒退功能。

炉内辊道：装料端设有9个炉内悬臂辊道，其电机采用变频调速，水冷却。

供热分配：炉子分五段供热，上加热，下加热，均热中、左、右三部分，见表1-5。

表1-5　炉子分段情况

分段名称	上加热	下加热	均中	均左	均右
分段热能力/kg·h^{-1}	1500	1500	680	255	255
分段热占比/%	36	36	16	6	6
喷嘴能力/kg·h^{-1}	125	250	85	85	85
喷嘴个数	12	6	8	3	3

总装配能力：4190kg/h。

炉子额定供热能力：额定产量的油料消耗量为3000kg/h。

炉子的热效率为：64.60%。

1.3.3 加热工艺制度

（1）正常燃烧，换向阀定时自动换向，通过调节空气、煤气流量，确保炉温和空燃比适应轧制节奏的要求。当煤气热值变化时，调节空燃比，控制烟气中含氧量（质量分数）为0～3%。

（2）调节废气阀开度，控制炉压在0～20Pa，保持炉膛微正压。

（3）均衡生产，不准急速升温降温，保证出钢温度，减小钢坯内外温差和长度温差，杜绝出黑钢。

（4）合理控制炉温和炉内气氛，特别是停机期间，不允许出现过热、过烧脱碳等加热缺陷。

（5）换炉号或钢种轧制时，采用空步过渡加热方式，避免混炉，同钢种空1步，不同钢种空2～4步。

（6）正常停炉和点炉需按停炉和点炉制度作业，炉温升降趋势符合停炉或点炉制度。

（7）各种钢加热工艺制度见表1-6。

表1-6 各钢种加热工艺制度

钢种	均热段/℃	上加热段/℃	下加热段/℃	出炉废气温度/℃
低碳钢	1000～1120	990～1140	900～1040	<850
中碳钢	1010～1130	1000～1160	900～1050	<850
高碳钢	1030～1150	1010～1180	900～1600	<850
低合金钢	1000～1120	990～1140	900～1040	<850

（8）严格执行各种钢种加热工艺制度，保证平均出钢温度在工艺要求的范围内，各钢种出钢温度见表1-7。具体钢种详见产品工艺技术操作要点。

表1-7 各钢种出钢温度

钢种	钢号	出钢温度/℃
低碳钢	Q195、08L、Q215、Q235、20、18A、22A、TGLZ、ML15、ML20、ML25、ML30	930～1030
中碳钢	45～65、42A、47A、62A	950～1030
高碳钢	67A、67B、70、72A、72B、77B、82B	980～1060
低合金钢	30MnSi、30MnSi-1、30Si2MnB、20MnSi、HRB335、HRB400、UB32Si、UB35Si	950～1030

（9）轧机出现故障时，加热炉进行停轧降温、保温操作见表1-8。

表1-8　停轧降温、保温操作

停机时间/min	加热段温度	均热段温度	开始升温时间
10~30	降50℃	降30℃	随机出钢
30~60	降100℃	降80℃	开轧前20min
60~120	降200℃	降120℃	开轧前40min
120~240	熄火	保温800℃左右	开轧前60min
240~480	熄火	保温700℃左右	开轧前80min
480以上	熄火	熄火	开轧前120min

1.3.4　加热区域安全操作规程

1.3.4.1　加热炉仪表看火工安全操作规程

（1）上岗前必须检查确认工作场所是否清洁，并认真做好交接班记录。操作工必须穿戴好劳保用品，方可操作。

（2）换班前必须将应巡查的设备逐项进行检查，发现隐患应及时和调度取得联系并做好记录。

（3）严格执行点火、停油、送油制度。

（4）烧嘴熄火时要查清原因，有故障则排除，确保安全无误时，方可重新点火。

（5）停炉和排除烟道故障时，必须经检查确认炉内无有害气体以及降到常温后方可入内。

（6）对炉下设备例行巡检时，必须两人同时进行。

（7）当压缩空气压力低于0.4MPa或突然停止供气时，操作工应及时关闭所有气压分支阀，同时减少供油，保证安全。

（8）密切注意压缩空气温度，应控制在120~150℃之间，进换热器的阀门不得关闭。

（9）在车间行走时，要走安全通道，严禁跨越轧线设备。

（10）看火工必须穿戴好劳动防护用品，在处理结焦及拆喷枪过程中，应关闭油截门4~5min后方可拆枪，同时佩戴防护眼镜。

（11）接班时，必须对消防设施及器材进行检查，以保证其充足和完好，发现问题应及时反映更换。

（12）在炉前作业时，不得裸露手臂，更不能光着上身进行。

（13）及时清理炉体周围漏的重油及其他易燃易爆品，做好防火防爆工作。

（14）不得在炉体周围，向炉下乱扔杂物。

（15）对各介质参数，必须严格按设计要求进行控制，发现介质参数异常时，必须立即查清原因，方可继续投入生产。

（16）发现炉体及各管路系统有异常或有险情时，必须立即降温，并通知调度，经处理或确认无危险后方可重新投入生产。

（17）对长时间停车保温，必须随时观察炉内钢坯的状态，特别是上加热部分，防止出现上加热钢坯夯头及过热或过烧现象发生。

1.3.4.2　CP1操作工安全操作规程

（1）上岗前必须检查设备及其安全装置是否完好，如果发现问题，在未处理前不得开机。

（2）上料前应观察钢坯运行区域内是否有人，待确认无人后，方可使上料台架或入炉辊道运行。

（3）在进行不合格钢坯剔废工序前，应确认剔废筐和剔除臂范围内无人、无异物之后，方可启动剔废按钮。

（4）操作中必须精力集中，与天车工、上料工密切配合，防止发生事故。

（5）操作中，设备发生故障或危及人身安全时要立即停车。

（6）在天车上料过程中，上料台架步进系统不得启动。

（7）进料过程中若同时掉下两根钢坯，当采用枕木挡钢，操作时必须待人员离开后，方可启动辊道。

（8）要密切注意钢坯在炉内定位情况，发现定位不准或钢坯打斜要及时，采取措施处理。

（9）平台检验员未离开台架及辊道设备前，不得启动辊道、台架。

（10）严格执行操作牌制度，岗位严禁烟火。

（11）进钢过程中严禁跨越1号2号两组辊道。

（12）当上料台架1号2号辊道及炉内辊区域有人时，不得启动这些设备。

（13）在CP1操作加热炉步进梁时，必须征得CP2操作工同意。

（14）从上料台架向1号辊道掉钢时，不得启动1号辊道。

（15）停止进钢5min以上时，必须保证炉内辊道处于启动状态。

（16）严禁短于8m及弯曲超标的钢坯进炉。

（17）对露尾钢严禁用另一根钢坯追尾撞击。

1.3.4.3　CP2出钢工安全操作规程

（1）上岗前必须检查所有操作设备及安全装置是否完好，设备及安全装置有缺陷不得操作。

（2）操作前要确认出钢机运行区域是否有人。

（3）必须与CP3和CP1保持密切联系，掌握跟踪系统的信息，按指令出钢。

（4）不准随意触动或修理电器设备，不准用湿手操作按钮。

（5）卡断钢坯回炉时，一定要按工艺标准决定是否退回炉内，不能擅自按动拉钢机反转键。

（6）严格执行操作牌制度。

（7）操作室必须精力集中，密切注意轧线实际情况，与现场工人密切配合，谨防误操作，遇有紧急情况，立即卡断钢坯停车。

（8）操作室内电器设备、设施出现故障，及时通知调度，不得私自修理。

（9）检查曲柄式卡断剪动作时，要注意机旁是否有人。

（10）炉门口处理事故时，必须等处理人员处理完事故，离开现场后方可出钢。

（11）当炉下有人作业时，必须有转热监控步进梁控制面板，并在确认无危险后，方可启动步进梁。

（12）当回炉钢出现跑偏时，必须由专人指挥天车，并预先检查钢丝绳是否安全，并注意脚避开天车所吊的半截钢坯。

任务1.4　轧　制　区

1.4.1　设备简介

轧线主轧机设备由粗轧机、中轧机、预精轧机、精轧机和减定径机组成。轧线主轧机共30架，分为5组。粗轧机组6架，闭口式平立布置，$\phi550 \times 4 + \phi450 \times 2$；中轧机组6架，闭口式平立布置，$\phi450 \times 3 + \phi400 \times 3$；预精轧机组6架，$\phi400$（闭口式）$\times 2 + \phi285$（悬臂式）$\times 2 + 250 \times 2$（V形顶交轧机）；精轧机组8架，$\phi230 \times 8$V形超重型高速无扭轧机，碳化钨辊环，油膜轴承；减径定径机组4架，$\phi230 \times 2 + \phi150 \times 2$V形超重型无扭轧机，碳化钨辊环，油膜轴承。具体情况见表1-9。

表1-9　轧线主轧机设备

机列	机架序号	轧　机　名　称	轧辊尺寸/mm×mm	电机功率/kW	备　注
粗轧机组	1H	$\phi550$ 水平轧机	$\phi610/520 \times 800$	350	A. C
	2V			350	
	3H			600	
	4V			600	
	5H	$\phi450$ 水平轧机	$\phi495/420 \times 700$	600	
	6V			600	
中轧机组	7H	$\phi450$ 水平轧机	$\phi495/420 \times 700$	600	A. C
	8V			600	
	9H			750	
	10V	$\phi400$ 立式轧机	$\phi420/360 \times 650$	600	
	11H			750	
	12V			600	
预精轧机组	13H	$\phi400$ 水平轧机	$\phi420/360 \times 650$	750	A. C
	14V			600	
	15H	$\phi285$ 水平轧机	$\phi285/255 \times 70$	600	
	16V			600	
	17H	250V 形顶交轧机	$\phi247.37/228.08 \times 90$	1600	
	18V	250V 形顶交轧机	$\phi247.37/228.08 \times 105$		
精轧机组	19～26	V 形超重级无扭精轧机	$\phi228/205 \times 72$	6800	A. C
减定径机组	27～28	V 形顶交无扭减定径机	$\phi228/205 \times 72$	4000	A. C
	29～30		$\phi156/142 \times 70$		

在中轧机组前和预精轧机组前分别设有曲柄式1号飞剪和回转式飞剪，用于切头和事故时碎断；在精轧机组前设置回转式3号飞剪带碎断剪。在精轧机组前设有2×6.1m长的预水冷箱，用于控制进入精轧机组的轧件温度，实现控温控轧。在精轧机组和减定径机组之后各设有2段水冷箱，主要控制终轧温度，实现低温轧制和控制吐丝温度。

1.4.1.1 粗、中轧机组

粗轧机组由4架ϕ550mm轧机及2架ϕ450mm轧机组成，中轧机组由3架ϕ450mm轧机和3架ϕ400mm轧机组成。轧机均为闭口式轧机，平立布置，立式轧机为上传动。这种轧机的特点是：

（1）机架牌坊用厚钢板切割、焊接而成，具有结构简单、备件少、强度高、刚性好、操作维护方便等优点。

（2）采用液压横移机架、小车换辊，其定位准确，不需要更换机架，液压锁紧操作使用方便。

（3）选用先进的弹性胶体平衡装置，代替常规的液压缸平衡或机械弹簧平衡，工作可靠又减轻了设备质量，节省能源介质，减少流体泄漏点，减轻环境污染。

（4）直径和辊身长度的比例更为合理，不仅刚度高，而且提高了辊身利用率。

6V机架后面1145mm切头，切废剪（6号剪）。

作用：剪切轧件的头尾，以确保轧件断面无变形、黑头或裂开的端头。一旦发出废品剪的信号，剪切机就连续剪切。剪切的最大断面为6V基建轧出的轧件断面尺寸。

技术参数：剪切断面为3120mm^2；剪切速度为0.76～1.25m/s；刀片材质为合金钢；切头长度可由120mm调到900mm，头部 ±10mm，尾部 ±20mm；切废长度为1480mm；曲轴中心距为1145mm；曲轴偏心距为235mm；最低剪切温度为900℃；最大剪切力为26.4t；剪子速度为0.89～1.45m/s；刀片寿命为20000次。

1.4.1.2 预精轧机组

预精轧机组由2架ϕ400轧机、2架辊环悬臂式轧机及2架V形顶交式轧机组成。其中2架ϕ400闭口式轧机是为适应轧制品种的需要，加大压下量，其性能与中轧机中的ϕ400轧机相同。

悬臂式预精轧机组的特点为：

（1）机组布置紧凑，设备结构简单、质量轻、换辊周期短、维护工作量小。

（2）立式轧机通过一对螺旋伞齿轮由下传动变为侧传动，水平拉出，与水平轧机相似。其优点是基础标高距轧制线距离小，基础工作量小，安装、检修和维护方便。

（3）轧辊箱为锻造面板插入式结构，辊箱装卸方便，减轻设备质量，提高安装精度，减少面板上的配管，便于处理事故。

（4）采用新式的轧辊辊颈密封，在密封处加一偏心板，使密封圈中心始终与轧辊轴中心相重合，减少密封圈的磨损，延长密封圈的寿命。

（5）辊缝调整采用偏心套式调整机构，通过丝杠及螺母转动偏心套而对称地移动轧辊轴，达到调整辊缝的目的，而保持轧制中心线不变。

V形顶交式预精轧机与悬臂辊式轧机的辊箱结构、密封方式和辊缝调节机构相同，其他特点为：

（1）两架为一组，由一台交流电机通过变速齿轮箱传动，机组布置紧凑，设备结构简单、质量轻、换辊周期短、维护工作量小两架间无活套。

（2）V形顶交布置，消除轧件在机架间的扭力；机架重心低、稳定性好、震动小，可适应更高轧制速度的要求。

A　12V机架后的950mm切头，切废剪（12号剪）

作用：切去轧件的头尾，保证轧件无畸变，黑头和劈头部分。当发出废品剪信号时，剪切机连续剪切。

技术参数：剪切断面为595～894mm^2；切断速度为4.0～6.54m/s；刀片材质为合金钢；切头长度可从130mm调到900mm，头部±20mm，尾部±30mm；切废长度为1490mm；曲轴中心距为950mm；最低剪切温度为900℃；最大切力为9.4t；剪子速度为4.2～6.8m/s；刀片寿命为24000次。

B　机架10V-11H-12V间的立活套

作用：用于轧件的无张力轧制。

特点：（1）导槽。将每根轧件的前端引入下一轧机；（2）起套辊。由汽缸操作，每根轧件端部进入轧辊后，由起套辊形成活套。

技术参数：空气系统工作压力为4bar（1bar=100kPa）；水系统流量与压力分别为（两个立活套）400L/min和3bar；起套辊直径为185mm，上导辊直径为160mm，下导辊直径为125mm，以上三个导辊的材质为热轧圆钢、表面带铬、钨、锰合金耐磨层；活套（约计范围）最小为0，工作为100mm，最大为400mm。

C　预精轧13H-16V机架间的立活套

作用：使轧件头部喂入下已轧机后形成活套，实现无张力轧制。

特点：起套辊由汽缸操作。

技术参数：空气系统工作压力为4bar；水系统流量及压力分别为600L/min和5.5bar；起套辊直径为145mm；起套辊材质为表面带硬质合金耐磨层的热轧钢；活套（约计尺寸范围）最小为1，工作为100mm，最大为400mm。

D　13H～16V轧机导卫

作用：使轧件准确通过轧机。

13H～16V总有固定出口导卫；13H和15H有固定入口导卫；14V和16V装有双列辊式入口导卫；13H和14V提供空过。

1.4.1.3　精轧机组

精轧机组分为8架精轧机和4架减径定径机两组，均由一台调速电机经减速箱集中传动。12架轧机机架形式均相同，为悬臂式结构，采用碳化钨辊环，呈顶交45°布置，机架间距十分紧凑。减定径机组前两架不设轴向调整机构，后两架有轴向调整及预加载机构，以保证精确对中。此种轧机的特点如下：

（1）采用“V”形45°顶交布置，这样比45°侧交减少了机架悬臂的高度。因此，机组的重心低、稳定性好、倾动力矩小，机组的振动小、噪音低、设备质量轻，更有利于在高速下运行。

（2）将增速箱和分速箱合二为一，结构更为简单，减轻了设备质量。

（3）辊箱由原来的铸造钟罩式辊箱改为锻造面板、插入式辊箱结构，使辊箱的拆卸更加方便；所需的流体如油、水、气等，通过面板的钻孔进入各自的部位，减少辊箱周围外露的配管，便于事故处理，并为改进锥齿轮箱的结构创造了条件。

（4）改进轧辊辊颈的密封，在密封处加一偏心板，使密封圈中心始终与轧辊中心相重合，这样可减少密封圈的磨损，提高密封圈的寿命。

A 精轧机前的切头和分段剪

位置：（1）剪切轧件头部和尾部的端头，保证切除轧件上无变形、黑头和劈裂头；（2）分段剪切，精轧机组发生事故时，剪机自动切断轧件并导入至碎断剪；（3）样品剪切，头部和（或）尾部切头可引至轧机平台，以便检查轧件的断面精度及表面质量。

特点：每个曲柄轴上带有两个旋转剪刀，驱动侧剪刀用来切头和切分轧件，工作侧剪刀用来切尾。

技术数据：剪切断面为224～464mm²；轧件速度为7.8～17.4m/s；切头长度最短为400mm，切头±30min，切尾±40mm；材质为合金钢；曲柄中心距为1080mm；最大切力为5.2t；最低剪切温度为850℃；剪切速度为7.96～17.6m/s；剪切寿命为80000次。

控制：切头切尾中的剪切循环由热金属探测器和剪机控制电路中的电子装置驱动分段剪切，当该剪下游设备产生废品或故障时该剪自动快速启动，当事故飞剪（卡断剪）驱动时，切分剪就自动快速驱动。

B 碎断剪

位置：位于切头和分段剪后。

作用：当下游轧机出现故障或废品时，将改道输入此剪的轧件碎断成小段。

特点：连续剪切，有三对剪刃装在两个平行轴上，中心距为380mm，每个轴上的三个剪刃装配位置互成120°角，剪子每转一周，完成三次剪切。

技术数据：剪切轧件的断面为224～464mm²；轧件速度为7.8～17.3m/s；废料切后长度为400mm；曲柄轴中心距为380mm；最大剪切力为5.2t；剪切速度为8.3～18.2m/s；剪子寿命为24000次；最低剪切温度为850℃。

1.4.2 轧钢区域安全操作规程

1.4.2.1 CP3操作工安全操作规程

（1）上岗前必须检查设备的安全装置及工作现场是否整洁，确认设备正常后方可操作。

（2）禁止将各种与工作无关的物品带上操作台。

（3）在进行剪机、活套设备试运转或模拟试车前，应首先鸣笛通报，并稍等片刻确认机旁无人后方可启动设备。

（4）应牢记PFM、NTM的润滑系统处于“低压”状态下时，只报警而不停车。

（5）操作工应时刻注意周围电气焊等管线造成的活套和剪机的误动作，有责任提醒或警告电气焊操作人员尽量避免光线直照活套扫描器和热金属探测器等元件，时刻采取相应措施避免人身伤亡事故。

(6) 应时刻与各区域轧机地面操作人员保持正常联系，不得用扩音设备闲聊，并时刻观察轧机信号板，发现异常情况及时与调度取得联系，并对区域设备及全线设备采取相应措施，避免人机伤害，必要时启动报警器。

(7) 检修后重新工作以前要和审查总调度保持联系，确保所有人员都要离开设备，并站在规定安全区域。

(8) 不允许在“TEST”状态下轧钢。

(9) 轧制前，全线模拟一遍，出钢时通报全线。

(10) 不允许经常使用“E-STOP”急停键，当发生重大设备或人身事故时，方可使用紧急停车键。

1.4.2.2　轧机操作工安全操作规程

(1) 轧钢工除按天钢公司轧钢工安全操作标准执行外，还应执行以下标准。

(2) 听到轧机启动信号，立即离开轧机，注意观察轧机运行情况，试小样要有专人指挥，注意配合。测红坯尺寸或烧木印，要等轧件咬入下一架后方可进行，同时要严禁背对轧机或剪机。

(3) 检查处理故障时，应将处理机组前的卡断剪打到封闭，并将机组旁操作面板上的位置扭转到“LOC”位置。

(4) 处理堆钢事故时，不得用天车直接吊运已废的轧件，必须用链钩，以免掉落伤人。

(5) 使用天车必须按规定信号和手势并遵守“十不吊”原则。

(6) 在检查轧机、加油或处理事故等工作中，先确定身体无接触机械运转部位后方可进行。

(7) 严格执行工艺操作规程，并做到通过地面站通讯对讲与CP3和调度时刻保持联系，要精力集中。

(8) 严禁在轧机入口进行辊缝测量。

(9) 液压设备不准面对可能喷油部位。

1.4.2.3　粗中轧区域安全操作规程

(1) 剪子入口设备（炉前设备）、轧机设备存有机械伤人和电击伤人的潜在危险，在操作和检修之前首先应做到熟悉安全操作规程，熟练掌握岗位操作标准，并严格执行厂里有关规章。

(2) 粗中轧轧机未设安全罩，因而在双侧张力、检查红坯尺寸和形状时，一定要等到钢坯被咬入下一架轧机并运行平稳后再进行。

(3) 出现堆钢事故后，一定要在事故区域仔细检查是否有电缆及流体管线被烧损，以免触电或发生火灾、烧伤事故发生。

(4) 在换辊或检修时，立式机架轧机工作人员应夹紧万向轴的安全保险装置，并防止上方掉物伤人，防止天车吊物时碰撞立式钢筋混凝土底座而造成的落物伤人现象。

(5) 听到异常声响，应立即与调度室联系，并及时通知值班主任，在不停机且原因不明之前，不可随意接近运行异常部位，以防突发事故伤人。

（6）在换辊、槽过程中，要严格按工艺规程操作，并与机旁操作人员密切配合，确认无误后方可操作。在轧机组件运行方向严禁站人，防止机械及液压伤人，吊运轧辊时不得将手指放在钢丝绳内侧。

（7）禁止向地沟抛废物，停机时禁止向切废通道抛废，若要抛废，必须有人到剪下监护。

（8）剪机供电时，禁止靠近，检修前要确认马达处于断电状态。

（9）清理轧废时，不得直接用天车钩钩取，正在发生堆钢时禁止靠近。

（10）非操作人员，禁止靠近轧机和剪切机。

（11）不允许到传动侧测量辊缝或轧软线。

（12）调辊缝、轧木板时要遵守以下规定：1）此项工作需两人协调完成，一人打面板，一人机旁操作；2）操作中要互相确认；3）要用夹子夹住木板塞进辊缝之中；4）要使用专用木板；5）打正转时操作工在入口处轧木板，反之则在出口处轧木板；6）木板在轧入或退出时，操作工要离开轧机，防止出现意外事故。

（13）调辊缝时液压泵随用随停，禁止常开。

（14）辊缝调整把手，在调整后放回中间位置。

（15）磨槽时，要戴眼镜（如人在机架前则打反转），防止轧辊将人咬入。

（16）当地面操作工或钳工正检修或换工艺时，必须将设备控制键打到OFF位置，并根据实际情况关闭流体和电力源。

（17）由于根据工作需要而暂移开地面盖板后，要有明显而牢固的标志和护栏，工作完成之后应立即将盖板复位，绝对不允许长期敞开生产。

（18）轧钢过程中不允许带载调压下。

（19）对活套的检查工作必须按机上的有关“警告”说明进行。

（20）活套检查时，两人一定要配合好，不准将手伸进启动臂回转部位，也不能将身体其他部位靠近气缸。

（21）在检查在线运转粗中轧机组间的切头切废剪时，一定要做到检查人员与操作人员密切配合，机旁人员远离剪机，更不得将身体其他部位放在轧线内。

1.4.2.4 预精轧机安全操作规程

（1）在对预精轧机进行检修之前，要确认轧机马达处于关断电源状态，并且FM前卡断剪处于闭锁状态。

（2）在拆卸和安装笨重部件时，要确保这些部件由绳索和卷扬机吊住，不得在没有第二人的帮助下或者在无吊车的情况下搬起质量超过20kg的物体，两人不得搬运超过45kg的物体。

（3）检修后开车之前，应再次检查导卫，导管等组件是否正常安装就位，并要对导卫等工件的对中和紧固程度做最后检查。

（4）设备运行过程中不得清洗。

（5）在开闭安全罩之前应确认机旁无人，无异物，再按动按钮，以防伤人毁物。

（6）活套以及PFM前剪机安全规则，详见粗、中轧部分规程。

（7）预精轧区域有高压设备，如压缩空气、液压缸等，在维修设备时，应格外小心，释放压力时必须逐渐的打开阀体，并将身体避开流体可能喷射的方向，必要时，装上耐高压的软管，以免造成人身伤害。

(8) 如果发现油射皮肤，必须立即上报安技科，并进行医疗检查。

(9) 在进行预精轧设备检查、检修之前，必须关闭所有电气源，并挂上检修牌。

(10) 要严格执行操作牌制度。

(11) 当液压系统处于关闭状态时，不得操作任何控制器，因为主液压系统再启动时，相应设备便会因此而动作，在无意识中，造成突然伤人事故的发生。

(12) 要特别注意，虽然液压系统已被关闭，但液压储能器并没有排空，还会保持足够的压力，操作人员应按操作规程，了解设备性能，小心操作。

(13) 要保证风、水、油气系统正常运行过程中的管路及连接部位无跑冒滴漏现象，以免由于高压喷射造成人身伤害。

(14) 在装辊过程中严格执行工艺规程，不得将手放在辊内径处，以防挤手。

(15) 使用液压换辊工具装卸轧辊时，一定要在操作前检查工具是否完好无隐患，工作时要严格按工艺标准执行，不得将身体正对轧辊轴。

(16) 安全罩打开后，必须用安全锁锁死，以防坠落伤人。安全罩未完全打开或关闭前，不得探入。

(17) 用卸辊工具搬运辊环时，必须确保装配完好，以防落物伤人，吊起高度不得过肩。

(18) 经常检查1号水箱压紧装置是否牢固，防止轧件窜出伤人。

(19) 开启关闭保护罩后，将液压泵关闭。

(20) S12切废时，预精轧不允许开盖。

1.4.2.5　精轧机区域及PR/LH安全操作规程

(1) S16A切分S16B切废时，不允许开盖检查。

(2) 在CD剪旁取样箱内取样时，一定要等剪切完毕，并确认样棒已完全落入水中并充分冷却之后，再用专用工具或保护手套拿取，取样后立即将取样箱盖好锁紧。

(3) CD剪更换剪刃等检修过程中，一人盘轴，一人观测，两人要有问有答，做到密切配合（此条规定适用其他飞剪）。

(4) 试运转和正常轧钢，CD剪机罩必须盖紧，观察轧件运行时，不得站在轧件运行方向，视线应与轧件运行方向成小于90°的角。

(5) 对精轧机前的两个剪机和侧活套等设备进行检修时应关闭所有电源、气源。

(6) 换辊时，必须检查换辊工具是否正常，如发现问题及时找有关人员修复，不得带病使用；必须严格遵守液压小车安全操作规程。

(7) 换辊环时，应双手正确握紧辊环外表面，不得将手伸进锥套内表面。如发现密封损坏，出现渗油情况，应立即与有关部门取得联系更换密封。更换辊环时，要十分注意辊环内孔及轧辊轴的清洁度，防止损伤辊轴及锥套。

(8) 更换导卫时，应双手正确拿放，不得将手放在导卫与机架面板接触处，以免伤手指。

(9) 机罩的规定与预精轧相同。

（10）关闭安全罩时，不得手扶吊鱼线锤，以防挤手现象发生。

（11）处理导槽和水箱内残留轧件时，一定要小心开启盖，处理事故之后，应立即关闭盖子，并锁好。

（12）不得在导槽处热饭、烧水、浇水，不得在导槽上放置异物。

（13）轧机运行时，一般不得任意打开水箱，如必须打开水箱盖时，应慢速开启，以防止冷却水喷到脸上。

（14）处理完废品箱堆钢后，必须将废品箱按工艺要求盖严复位。

（15）使用光学对中仪时，要检查仪器是否漏电和有无接地，发现异常情况，及时找有关人员修理。

（16）精轧机红检工要将样棒用水冷却到60℃以下，才能用手拿起卡量。

（17）所有导槽对中牢固后，再开启过钢。

（18）轧铅棒测辊缝时，需两人密切配合，不得戴手套，如用铜丝长度不得小于15cm。

（19）精轧机送电点动前，要与调度取得联系，确认无人检修的情况下方可进行。

（20）PR/LH的安全罩在设备运行时必须罩紧。检修打开时，必须插上安全销。

（21）夹送辊更换参照精轧机换辊。

1.4.2.6 斯太尔摩区域安全操作规程

（1）开启、关闭保温罩时，一定要确认罩子活动范围内无人无异物。

（2）严禁在辊道上行走，不得横跨风冷线运输辊道。

（3）头尾不合格圈剪切时，一定要精力集中，断线钳水平移动方向和速度与散卷运行同步，对于不规则头尾用力从风冷线向外拽时，要注意保护自己及他人，防止回弹伤人。

（4）斯太尔摩辊道处于摆动或往复运行过程中，严禁取样、剪头尾。

（5）当斯太尔摩出口段风机处于开启状态时必须按有关规定佩戴防护眼镜，防止氧化铁皮吹入眼中。

（6）吐丝机在吐头尾时，操作工不得在首段辊道周围停留。

（7）在辊道周围沿线工作时，必须确认所踩部位的保护盖、地板牢固坚实。

（8）在勾拉盘条时，不得跑动倒退，必须原地站稳，方可操作。

（9）发现盘条缠绕辊道时，必须确认辊道已停机后再处理事故，不允许在运行过程中操作。

（10）开关保温罩时，不允许站在保温盖活动范围内。

（11）在辊道清废时要注意周围人员和保护自己，不允许将废丝拉到超过1m的高度，不得用力过猛。

（12）处理挂线时，不允许站在盘条弹起的方向。

（13）如需上辊道操作，必须通知主控台停机，并用对讲确认主控台已经知道辊道上有人工作，方可上辊道操作。

（14）剪尾时，应戴面罩。

1.4.2.7 上集卷操作工安全操作规程

（1）严禁非本岗位人员操作任何按钮。

（2）严格执行操作挂牌制度。

（3）集卷筒卡卷时，必须将操作面板打到“LOC”位置，停止线圈分配器，方可操作。

（4）上集卷操作工如需强制打开分离爪，必须用对讲同下集卷及调度联系，确认后方可操作。

（5）剪尾工作中戴面罩。

（6）吊废丝时，要用盘条捆牢，最大质量不允许超过200kg。

1.4.2.8　导卫装配工安全操作规程

（1）工作前必须检查作业环境是否良好，所用工具有无缺陷，发现问题未处理前不得工作。

（2）搬运组装工件时，拿稳轻放，两人抬起时注意配合。使用起重设备要严格遵守起重安全操作规程。

（3）打锤时不准戴手套，并检查锤头是否牢固，同时注意周围人员。

（4）导卫摆放需整齐稳固，防止掉落或倒下伤人。

（5）使用压力机时按压力机操作规程。

1.4.2.9　下集卷安全操作规程

（1）劳保用品穿戴整齐后方可上岗。接班前要检查运卷小车运行地坑是否有杂物及盘条，清理后确认小车两侧无人无物方可测试运行，之后停在等待位置等待生产。

（2）严禁非本岗人员操作任何按钮。

（3）严禁进入运行中的芯棒回转范围内。

（4）集卷过程中集卷门和运卷小车运行方向不得有人。

（5）处理芯棒挂线时，任何人不得爬高处理，要将芯棒旋至两侧平台位置，并停车停泵后方可接近处理。

（6）处理任何部位挂线，任何人不得站在迎面，并戴好防护眼镜。

（7）处理运卷小车挂线时，处理人员必须要与面板操作人员讲清方可处理，面板操作人员等挂线处理人员上到地面给手势后，方可动车。

（8）两人如同时出去处理挂线或做卫生时，一定要挂停机牌。

（9）集卷站与运卷小车出现设备故障时，应关闭电源，立即通知调度室，不得自行处理，非电气人员不得对此设备进行修理。

（10）如遇较难处理的故障时，应立即通知值班主任和班长，停止生产，待处理故障完毕后，方可出钢，绝不可以边处理边轧钢。

（11）严格执行检修挂牌制，如两个工种以上同时检修，一定要等检修人员把牌全摘掉方可动车。

（12）P/F线停启链由下集卷人员操作，但生产时必须听从指挥，检修时要接到检修人员通知，并挂摘牌后方可停启链，检验盘条时不得拍急停，要使用手动停止器。

1.4.3 轧制工艺技术操作规程

1.4.3.1 试轧

轧线停产检修后，在恢复生产之前应进行试轧，试轧前应先做好辊缝预设定。

（1）从加热炉中推出方坯，从第一架咬入经第二架后，由炉前曲柄剪把钢坯卡断，后面部分由出炉夹送辊抛回炉内保温，如果前面部分依次通过各架轧机并顺利吐丝后证明短坯试轧成功。

（2）在试轧短坯过程中，为了保证一次试轧成功，在主控台对各架因子进行修正，粗轧机预设定张力0.5%，中轧机1%，预精轧机2%，精轧2%，地面调整工与主控台操作工采用约定的手势，逐架调整张力，防止堆钢。

（3）短坯试轧成功后再试轧长坯，长坯连续试轧三根成功以后，可连续生产。

1.4.3.2 辊缝设定方法

A 粗中轧辊缝设定

粗中轧轧辊在组装完成后，由轧辊组装人员根据红坯规程要求，对粗中轧轧辊辊缝进行粗设定，当轧辊被安装在轧机上后，轧钢操作工采用内卡尺测量出上下槽孔高度与红坯尺寸对照，然后调整液压压下装置对轧槽进行精确设定。

B 预精轧机辊缝设定方法

辊环装好后，用内卡卡量孔型高度，调整压下，直到孔型高度等于该架次红坯尺寸时为止。

C 精轧机辊缝设定方法

方法一：用塞尺设定法。

按红坯规程要求的辊缝选择正确的塞片组，调整压下，直到辊缝值达到规定要求。

方法二：铜丝设定法。

点动轧机，用标准规格的铜丝从辊缝中压过，测量压痕高度，反复调整辊缝，反复压铜丝直到压痕高度等于规定的辊缝值时为止。

D 减定径轧机辊缝设定方法

用塞尺设定法：按红坯规程要求的辊缝选择正确的塞片组，调整压下，直到辊缝值达到规定要求。

1.4.3.3 换辊规程

A 粗中轧水平轧机

（1）轧机停车冷却水关闭。地面站由“REM”打到“LOC”。

（2）打开机架夹紧，机架横移到工作侧顶端。

（3）进出口导卫座松开并转开。

（4）机架横移使传动轴套筒凹槽处正对主轴夹紧块，主轴夹紧闭合。

（5）横移机架到工作侧顶端。轧辊扁头与传动轴脱开，机架夹紧。

（6）拆开轴向压紧装置并移开。

(7) 机架横移，轧辊从机架中移出。
(8) 吊走轧辊组件。
(9) 更换新轧辊组件。
(10) 横移轧辊组件进入机架并到位。
(11) 轴向夹紧装置安装到位。
(12) 打开主轴夹紧，横移机架到工作侧顶端。
(13) 进出口导卫转动到位并紧固。
(14) 横移机架，设定辊缝，对中轧槽。
(15) 机架夹紧，开冷却水，点动轧机。
(16) 关冷却水，撤砂子，轧机停止。
(17) 地面站由“LOC”打到“REM”。

B　粗中轧立轧机

(1) 轧机停车，冷却水关闭。地面站由“REM”打到“LOC”。
(2) 移开进出口导卫座。
(3) 打开机架夹紧，机架提升至上端。使传动轴套筒凹槽处正对主轴夹紧块。
(4) 主轴夹紧，安全销关上。
(5) 转动滑轨至工作位置。
(6) 机架下降滑到轨道上。
(7) 机架横移到工作侧轨道顶端。
(8) 拆开轧辊上端夹紧装置。
(9) 吊外侧轧辊。
(10) 吊内侧轧辊。
(11) 装内侧轧辊。
(12) 装外侧轧辊。
(13) 轴向夹紧装置安装到位。
(14) 机架横移到立面轨道位。
(15) 机架提升使轧辊扁头插入套筒内。
(16) 转动滑轨至非工作位，主轴夹紧打开。
(17) 机架下降至进出口导卫座可转动到位的高度停止。
(18) 进出口导卫座转动到位并紧固。
(19) 机架下降，设定辊缝，对中轧槽。
(20) 机架夹紧，开冷却水，点动轧机。
(21) 关冷却水，撤砂子，轧机停止。
(22) 地面站由“LOC”打到“REM”。

C　预精轧换辊

(1) 轧机停车，冷却水停止。
(2) 地面站由“REM”打到“LOC”。
(3) 机盖泵启动，打开机盖。
(4) 松开进出口导卫并移位。

（5）拆下保护帽。
（6）轧辊轴套上拆辊工具，加压。辊环拆下。
（7）清洁轧辊轴及新辊环锥套内表面。
（8）把新辊环套在轧辊轴上。
（9）装上装辊工具，加压到7000PSI，重复1～2次，方可拆开装辊工具。
（10）装上保护帽，螺丝紧固。
（11）设定辊缝。
（12）装进出口导卫。
（13）盖机盖，过程中试冷却水。
（14）地面站由“LOC”打到“REM”。
D　精轧换辊
（1）轧机停车，冷却水停止。
（2）地面站由“REM”打到“LOC”。
（3）机盖打开。
（4）松开进出口导卫并移位。
（5）拆下保护帽。
（6）装上拆辊工具，旋转到位。
（7）小车加压，辊环和锥套拔出。
（8）清洁轧辊轴和新辊环锥套内表面。
（9）辊环锥面装在轧辊轴上。
（10）装上装辊工具，接好接头。
（11）加压到7000PSI，重复1次。
（12）装上保护帽，装进出口导卫。
（13）设定辊缝。
（14）盖机盖。
（15）地面站由“LOC”打到“REM”。

1.4.4　轧制质量控制程序

在连续生产过程中，进行定时定量取样，定时对各区域每架轧机出口尺寸进行检测，对各机架进行动态控制，红坯高度为设计值，宽度为参考值。粗中轧机的红坯尺寸的允许偏差为设计值的±1.0mm，18架出口红坯尺寸的高度允许偏差为设计值的±0.3mm，宽度为设计值的±0.8mm。

1.4.4.1　粗轧机组

定时对各机架出口轧件的高度进行测量，随时掌握各架尺寸变化，以便随时调整，规定每小时一次，记录测量结果。

1.4.4.2　中轧机组

定时对各机架出口轧件的高度进行测量，随时掌握各架尺寸变化，以便随时调整，规定每两小时一次，记录测量结果。

1.4.4.3　预精轧机组

定时对 18 架进行红坯尺寸测量，规定每小时测量一次，记录测量结果。

1.4.4.4　精轧、减定径机组

精轧、减定径调整工应对集卷下的每卷成品尺寸进行检测，并将检测结果信息及时反馈给调整工，后者应及时调整轧机压下量，发现成品出现耳子、折叠、结疤、划伤等缺陷，通知轧线停机检查。

1.4.4.5　轧制事故处理

A　质量事故

精轧工发现不合格后，应及时通知全线停车检查，根据缺陷种类对红坯尺寸、辊缝、导卫对中、张力状况、轧辊及全部导辊的表面状况进行检查，查明原因并及时调整或更换。再次开车轧一支后，确认成品合格后再进行连轧，否则继续查找原因进行调整。

B　堆钢

轧制中发生堆钢事故，首先应找出轧件头部，确认堆钢部位。产生堆钢事故的原因较多，应首先排除红坯尺寸误差、辊缝匹配不良、导卫不对中、导卫松动或损坏、机架间 R 因子误差、钢温不均等轧制因素，同时应通知电气、机械人员排除剪机、活套、水阀等误动作。

1.4.4.6　导卫

（1）更换产品规格时必须逐架检查是否配用了正确图号的导卫。

（2）导卫预装工应按操作标准要求预装对中导卫。

1.4.4.7　活套

（1）轧线设有 6 个活套，正确选用活套有利于提高成品尺寸精度，各个活套的高度设定范围见表 1-10。

表 1-10　各活套高度的设定范围

活套种类	活套位置	活套工作高度/mm
立活套	13H 前	100 ~ 200
	13H 与 14V 之间	100 ~ 200
	15H 与 16V 之间	100 ~ 200
侧活套	15H 前	200 ~ 300
	17H 前	200 ~ 300
	精轧机前	200 ~ 300

（2）活套高度的设定应与起套辊的抬升位置配合，并注意调整活套前后轧机的 R 因子，防止活套过小，张力过大，轧件与起套辊产生剧烈摩擦，活套过大也会产生堆钢或

甩尾。

（3）对于低碳钢，全线活套使用个数不得少于3个，其他品种活套使用个数不得少于4个。

（4）换辊换槽周期表

轧辊和辊环的单槽寿命设定值见表1-11。根据轧制吨位进行统计，正常情况下，按单槽寿命设定值更换槽孔。如轧槽出现严重有龟裂、掉块现象应提前更换。

表1-11 轧辊和辊环的单槽寿命设定值

架 次	槽 数	单槽寿命/t	架 次	槽 数	单槽寿命/t
1～2	3	10000	13	8	3000
3	3	8000	14	11	4000
4	4	8000	15	1	6000
5	3	8000	16	2	8000
6	4	10000	17	1	6000
7	5	6000	18	2	8000
8	6	7000	19～26	2	3000
9	6	6000	27	2/4	800
10	7	6000	28	2/4	800
11	7	4000	29	2/4	800
12	9	5000	30	2/4	800

1.4.5 控冷工艺技术操作规程

1.4.5.1 控冷工艺参数

为确保成品线材的性能要求，满足用户需要，热轧后的线材都要进行水冷，部分钢种要进行风冷处理，从而获得较理想的力学性能及金相组织。

1.4.5.2 控冷工艺说明

（1）因设备原因轧制速度超出表中规定值时，辊道速度可依轧制速度变化作相应的调整。

（2）风机开启数及风量大小高线厂可根据化学成分、季节变化、环境温度、原料厂家的不同等因素在给定范围内作适当调整。

（3）第8段以后辊道速度，主控台操作工可根据落卷情况自行调节。

1.4.5.3 控冷标准化操作要求

（1）1号水箱的选择要根据轧制钢种来决定。当轧制中、高碳钢时，要选择1～4号水箱，控制进精轧温度不超过980℃，轧制普碳钢时，可根据现场实际情况选用。

（2）轧制除高碳钢外任何钢种，精轧机后4个水箱都可任意组合，其流量、压力要以符合相应钢种吐丝温度的要求为原则。

(3) 当水箱的流量设定后，其压力要与之合理匹配，压力过小时，可通过减少水冷喷嘴开启数来调节。

(4) 水箱采用闭环温度控制，最终保证吐丝温度。

(5) 对任何启用的风机，其风门必须打到工艺要求的90%以上方可轧钢。当风门自动启动失灵时，可采用手动控制，但必须经2号站确认已达到工艺要求后方可轧钢，否则不许轧钢；当风机出现故障时，不可擅自删除，要经工艺调整确认后，方可轧钢。

(6) 对第1至第9段辊道速度，必须严格按工艺要求设定。

各钢种控冷工艺见表1-12。

表1-12　各钢种控冷工艺表

钢　种	控冷目的	对材质的要求	要求的组织	控冷工艺
低碳钢	提高拉拔性能	尽可能软	铁素体+粗大碳化物	延迟冷却
高碳钢	省略拉拔前铅浴淬火	高强度 拉拔性能好 拉拔后韧性高	索氏体	强迫风冷
冷镦钢	简化球化退火	接近球化前组织	细珠光体	延迟冷却
合金 合焊	减少氧化铁皮 简化再结晶退火	尽可能软	铁素体+珠光体 尽可能减少贝氏体	延迟冷却
合金 弹簧	减少氧化铁皮 简化再结晶退火	尽可能软	珠光体	延迟风冷

任务1.5　精　整　区

1.5.1　设备简介

1.5.1.1　集卷站

设计能力如下：最大盘卷质量为2200kg；最大盘卷高度为2800mm；最高盘卷温度为600℃；集卷周期为102次/h。

A　集卷筒

位置：位于斯太尔摩线的终端。

特征：双向可调的集卷筒前辊道，使散卷对中输入集卷筒。

线圈分配器：用于降低散圈的成卷高度。

挡板：用于芯棒旋转时支撑鼻锥，提供缓冲贮存空间。

鼻锥：确保线圈均匀地落在盘卷托板和双芯棒上。

技术数据：卷筒直径（内径）1250mm；鼻锥行程：50mm。

B　带盘卷托板的集卷室

位置：位于集卷筒下方。

功能：保证盘卷按所需外径成型（盘卷室作用）。托卷板保证盘卷整体及密度的均匀性。

特征：盘卷室的两个液压门，托卷板从较高位置逐渐降至卸卷位置。

技术参数：盘卷能达到的最大质量为2200kg；有线圈分配器时为2550mm，无线圈分配器时为2800mm。

C 双臂芯棒

位置：位于集卷筒下方。

功能：收集全部散卷并使盘卷内径定型，再将盘卷卸到转运位置。可以快速（0~125°）或慢速（125°~180°）控制芯棒旋转。

D 盘卷运输小车

位置：位于转运点。

功能：将盘卷从双芯棒上取下，运至钩式运输机集卷位置。

技术参数：盘卷外径为1250/1200mm，内径为900/850mm；最大盘卷高度为2800mm（2200kg盘卷）；最低盘卷高度为960mm（650kg盘卷）；小车最大行程为9970mm。

1.5.1.2 P/F运输线

位置：位于集卷站之后。

功能：卧式C形钩吊起分散的盘卷运至打捆机，再将打好捆的盘卷运至卸卷位置。

特点：采用延迟型冷却时，P/F线的布置在检验区和打捆站之前，提供了缓冲段，以获得附加冷却。必要时还可以增加辅助冷却水。

技术参数：小车载重能力为2300kg；运输速度为0.3m/s；小车间距运行时为3048mm（最小），集存时为1828mm；车发量为60。

1.5.1.3 盘卷秤

位置：位于P/F运输系统中。

功能：对打好捆的盘卷称重。电子秤称重精度为±0.2%。

技术参数：最大称重为2300kg。

1.5.1.4 线材取样剪

功能：用于对悬挂在P/F线C形钩上的线材盘卷进行取样修整。

技术参数：剪切能力为直径20mm的线材；剪切力为11.3t。

1.5.1.5 带打捆头的压实打捆机

功能：将C形钩上的盘卷压紧和捆扎。

技术参数：从一捆到下一捆最短周期为44s；压紧并捆四道最短周期为34s；打捆线规格为6.3~7.3mm；打捆线抗拉强度为370~550N/mm²；液压线含碳量为0.10%~0.12%；液压工作压力为130bar；最大夹紧力为40t；盘卷最高温度为400℃；盘卷最大质量为2300kg。

1.5.1.6　P/F 线卷站

功能：从 P/F 输送系统上卸下打好捆的盘卷。

技术参数：液压系统的压力为 70bar；台架承载能力为 5000kg；盘卷运输小车速度为 700mm/s；横移小车速度为 250mm/s。

1.5.2　安全操作规程

1.5.2.1　总则

（1）所有职工上岗前必须将劳动防护用品穿戴整齐。

（2）到岗后要认真进行交接班和确认工作，在确认设备完好，正常无误的情况下方可工作。

（3）非工作需要严禁在 C 形钩间穿行，C 形钩在运行中任何人不准在 C 形钩与柱子间过往。

（4）工作中认真执行本岗安全操作规程和确认制，对于各种安全设施和安全设置不得擅自拆除和损坏。

（5）不准擅自操作本岗以外的设备，如因工作需要由组长统一调配。

（6）在超过 2m 的高处作业必须使用安全带。

（7）当电气设施出现故障时，不得擅自处理，要找专业人员来解决。

（8）在和天车配合工作时，一定要做好确认，不准违章指挥，加强自保意识。

1.5.2.2　取样剪头尾工安全操作规程

（1）操作时必须精神集中，C 形钩在运行时禁止取样。

（2）剪头尾人员要对设备性能有所了解，不得试空剪，以防崩伤。

（3）在取样时，对于 ϕ10mm 以上（包括 10mm）盘条以及硬线盘条一次只能剪一根，10mm 以下的软线盘条可根据情况酌情处理。

（4）剪下的头尾码放整齐，废丝放在料斗内，并做到随时清理。

（5）液压剪周围不得有油污、废丝等废物，确保工作环境的整洁。

（6）P/F 线各部位存放钩子的数量要控制好，以免发生不必要问题。

（7）工作间歇时应及时关闭电源闸。

（8）在吊运废丝时，要使用合理的钢丝扣。

1.5.2.3　打包机安全操作规程

（1）开机前必须确认打包机四周工作区域都处于安全位置，按动警铃两次后，方可开机。

（2）操作时要密切注视设备的运行情况，并仔细观察监视屏上打捆机北面的运行状态，遇到紧急情况，立即停车。

（3）设备运行时送线重锤下不得站人及接近。

（4）处理故障时，操作旋钮要停到机器手动位置上。

（5）两人以上工作时，要注意配合，做好确认。处理故障人员要与操作面板人员讲清处理的部位及注意事项。并按动室外急停按钮，方可进行故障处理。故障排除后，用警铃联系示意，室内操作人员要通过直观和电视屏的显示，确认机上无人，方可点动试车，再次确认无误后，即可开车生产。

（6）室外人员按动警铃，室内操作人员应立即停车。当室内人员按动警铃，室外人员应立即离开打包机。

（7）室外处理故障的人员在指挥室内操作面板人员工作时，要由专人负责统一指挥，其他人员不得伸手示意。

（8）室外处理故障人员在排除故障过程中，不得将头部探进盘卷内（必要时可对盘卷进行破坏性处理）。

（9）任何人不得随意按动警铃与急停，违者按违规处理。

（10）在处理复杂问题时，组长必须在现场监控，一切动作皆由组长指挥。

（11）操作面板人员要精神集中，工作时不得与人交谈。

（12）在做打包机卫生时，必须先停液压泵，按下总急停，方可进行卫生清理。

（13）停止工作后，将面板选择开关打到空挡位置，然后关机停泵。

（14）备用打包机的操作室要做到关机上锁。

1.5.2.4 制牌工安全操作规程

（1）与称重操作工配合时，做好确认，加强自保意识。

（2）根据工作特点，确保工作区域干净整洁、无杂物。

（3）挂牌时要侧身一手挂牌，并要顺行操作，以免撞伤。

（4）在C形钩离开称重托盘3m以外方可挂牌，避免因称重失误而造成事故。

1.5.2.5 卸卷工安全操作规程

（1）工作时要精神集中，操作时不得与人闲谈。

（2）和天车配合工作时，要做好确认。

（3）P/F线弯道处及空钩子区的钩子存放数量要控制好。

（4）发生故障要立即停车，并通知组长和有关人员。

（5）处理故障时要提前停机，关掉电源，两人以上工作时要做好配合和确认。

（6）配合检修时，要精神集中，服从维修人员的指挥，试车时要确认无误后方可启动。

（7）工作间歇时应及时关掉电源。

1.5.3 精整工艺技术操作规程

（1）盘条头尾有缺陷的圈数要剪掉。

（2）盘条包装要结实、牢固，包装后的盘条在正常的运输条件下不松散，打包丝必须弯入圈内。

（3）打包用线为 ϕ6.5mm、Q235 线材，强度大于等于 450MPa。

（4）盘条经压紧后应按以下规定进行打包：

1）打包机压紧板压力一共分为 6 档，吨位分别为 7.5t、12t、16t、25t、30t 和 40t。

2）高碳钢盘条在打包时都选用 4 档压力。

3）直径小于 ϕ10.0mm 时，选用 3 档压力。

4）直径大于 ϕ10.0mm 时（包括 ϕ10.0mm），选用 4 档压力。

5）所有出口盘条均要求打 8 道腰然后拧扣，拧扣时铁丝要将两道腰都捆住，拧扣部位尽可能拧在盘卷中部。

（5）执行产品标志执行文件 TG/ZY-K-08-02《关于高线盘条包装、标志的规定》。

情境2　棒材生产

任务2.1　生产准备

2.1.1　导卫安装制度

本制度适用于连轧分厂导卫安装的一般规定。

2.1.1.1　安装前的要求

（1）将所需用场地清理干净。

（2）准备好所用工具，检查压缩空气管路，准备好所用润滑干油。

（3）安装过程中，动作要小心，严禁使用蛮力操作。

（4）运输过程不得有碰撞。

2.1.1.2　安装过程的要求

（1）各部件清理干净，不得有油污、锈迹和其他脏污。

（2）认真按照导卫配制表选择型号正确的导辊、导卫副、鼻锥进行安装。安装前认真检查所选用部件的表面质量，质量合格方可使用。已使用过的部件再次使用前要仔细检查磨损情况及尺寸精度，不符合要求者要坚决剔出，并会同有关人员处理。

（3）滚动导卫的安装要求导辊对中调整，采用试棒法进行对中调整，试棒的尺寸与形状符合生产工艺要求，调整时先装入进口导板并用试棒检验导辊间隙，调整辊缝至导辊与试棒刚好吻合，此试棒法适用于中、精轧机所用的滚动导卫。对于粗轧机所用较大规格的滚动导卫，使用测量导辊辊缝的方法，使用工具有塞尺导辊样板、游标卡尺等。

（4）滚动导卫的蜗轮蜗杆调整处要涂抹润滑甘油，油气润滑管路和冷却水管路安装时要用压缩空气吹通，保证油路、水路的畅通。

（5）滚动导卫、滑动导卫所有的导卫副、鼻锥安装要端正，所有的紧定螺丝、固定螺栓均固定到位。

（6）组装并调整完毕的导卫要进行全面检查，并挂上标牌，注明所适用的品种和架次，并认真填写“导卫安装备案台账”。填写项目包括：规格、道次、导卫型号、导辊、导卫副、鼻锥型号、装配人及检验人。

（7）将安装完毕的导卫清理干净，摆放到指定的地点以备使用。

（8）生产过程中损坏的导卫部件应及时上账，填写“导卫损坏备案台账”，损坏部件应分类放置，妥善保管，不得随意丢弃。

（9）导卫安装完毕后，将安装工具整理好，将场地清理干净。

2.1.2　换辊机器人换辊制度

换辊机器人由两个U形筐平移小车、一对可滑动底座小车及用于操作换辊机器人的液压操作台组成，机架放在可滑动底座小车上，U形筐用于放置新、旧轧辊，液压操作台用来实现机架辊缝调节，滑动底座小车的左右移动，U形筐平移小车的平移动作。换辊机器人在进行轧机组装时，要求机架始终处于水平位置，所以在车间还配有机架翻转装置，以便把处于垂直位置的机架转换为水平位置后进行新机架组装，或将组装好的水平机架翻转成立式机架用于轧线上的立式轧机。

2.1.2.1　换辊机器人的准备

（1）将场地清理干净，轧机清理干净。

（2）检查换辊机器人。

（3）检查液压管线。

（4）确认所有设备均处于良好使用状态，无事故隐患，发现问题及时解决。

（5）运输轧辊到换辊机器人处，并检查辊号、辊径及轧辊车削质量。

（6）所有动作应小心，严禁用力过大、过猛。

2.1.2.2　拆卸轧辊

（1）轧机由轧线上拆下后，清理干净，快速连接板要求用垃圾袋套住。

（2）如轧机处于垂直位置，将其先放置于翻转机架装置上，启动翻转机架，使轧机由垂直位置变换到水平位置。

（3）拆掉进出口导卫，轧机横梁及冷却水管等辅助设备。

（4）将处于水平位置的轧机运送到换辊机器人处，轧机操作侧位于滑动小车行程大的一侧，工作位的U形框架卡住轧辊辊颈处的迷宫环上。

（5）用扳手拧紧平台上的四个锁定机架的螺母，把机架固定在平台上。

（6）接通换辊机器人的液压管线（液压缸、平衡缸），放大辊缝，调整到规定的轴承座间隙：464轧机为174mm；455轧机为169mm；445轧机为134mm。

（7）如两侧轴承座间隙不相等，则松开两侧辊缝调节的连接螺栓，对辊缝进行单侧调节，保证两侧轴承座间隙量相等且数值为规定数值。

（8）插入条型垫铁，松开轧机操作侧的轧辊辊头锁紧螺栓。启动换辊机器人两侧滑动小车，使其移向两侧，机架被分为两部分，其中操作侧部分轧辊辊颈较长，所以移动距离大，保证轧辊两端均脱离轴承座，两条轧辊留在U形辊架中。

2.1.2.3　安装轧辊

（1）启动换辊机器人平移小车，使需要安装的轧辊对正已分离的轧机轴承座牌坊。

（2）对两边四个轴承进行认真检查，并定期清洗（精轧机两个周期清洗一次，中、粗轧机一个周期清洗一次），如发现进水或有铁皮应拆下清洗，并更换密封。

（3）启动换辊机器人两侧滑动小车，滑动小车相向运动，原来的机架两部分与新轧辊组装成新轧机。

（4）拧紧机架操作侧两个轧辊锁紧螺栓。

（5）启动辊缝调节液压马达，调大辊缝，抽出条形垫铁。

（6）按轧制工艺要求，将辊缝调节到规定值。

（7）拆掉液压连线（液压缸、平衡缸）。

（8）松开锁紧机架的四个螺母。

（9）用天车吊走组装好的机架，对好位置并放入轧机底座内，运输过程中避免碰撞轧机及轧机上配备的液压管件。

2.1.2.4　安装横梁和进出口导卫

（1）应将导卫横梁清洗干净，确保横梁上滑动底座调整自如（每次用油清洗）。

（2）将轧机横梁安装在轧机上。

（3）将导卫运输至轧机横梁处，并安装在轧机横梁的滑动底座上，导卫必须与所用轧槽对正，如不正可通过调节轧机横梁的高低和调节轧机横梁的滑动底座来实现对正轧槽。

（4）进口导卫与轧槽间隙：粗轧机不大于5mm，中轧机、精轧机不大于3mm。

（5）出口导卫与轧槽刚好吻合，允许有极轻微摩擦。

（6）安装好冷却水管油管等。

（7）进行全面检查，所安装的导卫是否与生产品种、架次相符，装配质量、调整质量是否合格。

（8）认真填写“连轧分厂轧辊装配及使用记录”，内容包括架次、产品规格、孔型代码、轧辊编号、辊径、轧槽数量、已用槽数、装配人、检验人。

（9）将各处脏物清理干净。

（10）将工具和现场清理好。

任务 2.2　加　热　炉

2.2.1　设备简介

炉子技术性能见表 2-1。

表 2-1　炉子技术性能

序号	名　称	用途或计算数值
1	炉　型	步进梁式加热炉
2	用　途	轧制前钢坯加热
3	钢坯规格/mm	标准连铸坯：150×150×12000，单重：2050kg （短尺寸坯料≥8900，另有 150×150×6000）
4	加热钢坯	弹簧钢、碳素结构钢、低合金钢
5	钢坯加热温度/℃	1100±150
6	钢坯装料温度/℃	室温
7	炉子额定产量/$t \cdot h^{-1}$	130
8	燃料种类	天然气

续表 2-1

序号	名　称	用途或计算数值	
9	燃料低发热值（标态）/kJ · m^{-3}	8300 × 4.18	
10	单位耗热/kJ · kg^{-1}	碳素结构钢，冷装：260 × 4.18	
11	天然气耗量（标态）/$m^3 \cdot h^{-1}$	4070（最大 4890）	
12	助燃空气耗量（标态）/$m^3 \cdot h^{-1}$	42530（最大 51100）	
13	烟气温度/℃	150 ~ 200	
14	空气预热温度/℃	~1000	
15	烧嘴参数	蓄热烧嘴	直焰烧嘴
	嘴前空气压力/Pa	2500 ~ 3000	2500 ~ 3000
	嘴前天然气压力/Pa	2000 ~ 3000	2000 ~ 3000
16	冷却水耗量/$m^3 \cdot h^{-1}$	净环水 380，浊环水 30	
17	冷却水压力/MPa	0.3 ~ 0.4	
18	装出料方式	悬臂辊侧装料、侧出料，电机驱动	
19	炉底机械驱动方式	液压驱动	
20	步进行程/mm	升降：200；水平：260	
21	步进周期/s	40	

2.2.2　操作规程

加热炉区域内工艺流程简述如下。

加热炉区从炉子装料炉门口的自由辊开始到加热炉出料端炉子出钢炉口的自由辊为止。在这个范围内钢坯从装料直到加热好的钢坯出炉均由炉区的各种机械和热工设备来完成。炉区有关机械设备的启动和运行的联锁工况是由一套系统进行自动控制，并设有人工手动控制按钮。

2.2.2.1　装料过程

A　上料控制

点击上料按钮，上料设备会有相应上料动作，将钢坯送到炉外辊道上经过入炉辊道将钢坯运到入炉门前。

B　装炉过程

本加热炉的装炉过程分单排和双排。

a　单排料

（1）在上料区有料待装时，打开装料炉门到上极限，待出料位无料或炉子正常生产时，启动炉外靠近炉门处上料辊道正向运转，同时将炉内装料悬臂辊的速度由原 0.25m/s 提高到与炉外靠近炉门处上料辊道同速（约 1.0 ~ 1.2m/s）向炉内运行。

（2）当钢坯尾部离开炉门口外光电管后，安装在炉内装料悬臂辊上的编码器开始计数，按光电测长的数据，根据炉内布料图的要求，计算出所装坯料还须运行的距离。待坯料运行距目标位 1.5m 时，炉内装料悬臂辊由高速减至低速（0.25m/s），继续运行到目标位停止。同时装料炉门下降至下极限。

（3）装料推钢机动作，将炉内装料悬臂辊上的钢坯推正，使钢坯准确的到达所要求的位置，推钢机到达前极限后自动返回到达后极限位，步进梁上升将钢坯托起到后上位，炉内装料悬臂辊启动保持低速运转。

b 双排料

若在炉外料已排好，视为单排料，否则2组辊道分别运行。

（1）在上料区有料待装时，打开装料炉门到上极限，待出料位无料或炉子正常生产时，启动炉外靠近炉门处上料辊道正向运转，同时将炉内装料悬臂辊的速度由原0.25m/s提高到与炉外靠近炉门处上料辊道同速（约1.0~1.2m/s）向炉内运行。

（2）当钢坯1尾部离开炉门口外光电管后，安装在炉内9号装料悬臂辊上的编码器开始计数，按光电测长的数据，根据炉内布料图的要求，计算出所装坯料还须运行的距离。待坯料1的尾部离开4号装料悬臂辊（炉外光电管与4号装料悬臂辊的间距可计算）时，炉内第2组装料悬臂辊由高速减至低速（0.25m/s），继续运行到目标位停止。

（3）当钢坯2尾部离开炉门口外光电管后，安装在炉内4号装料悬臂辊上的编码器开始计数，按光电测长的数据，根据炉内布料图的要求，计算出所装坯料还须运行的距离。炉内第1组装料悬臂辊由高速减至低速（0.25m/s），继续运行到目标位停止。同时装料炉门下降至下极限。

（4）装料推钢机动作，将炉内装料悬臂辊上的钢坯推正，使钢坯准确地到达所要求的位置，推钢机到达前极限后自动返回到达后极限位，步进梁上升将钢坯托起到后上位，炉内装料悬臂辊启动保持低速运转。

2.2.2.2 步进出钢过程

在接到轧线要料信号后，步进梁由原点进行一次正循环运动（升、进、降、退）。步进梁到达前上位时，炉内出料悬臂辊停止运转，出料炉门开启，由下极限升到上极限，步进梁下降将钢坯放到炉内出料悬臂辊上，从步进梁开始下降运行2/3时（可调），启动炉内出料悬臂辊及炉外出料辊道，使炉内出料悬臂辊速度达到与出炉辊道速度一致（可调），将钢坯送出炉外；当炉外1号热金属检测器检测到钢坯尾部时，出料炉门关闭，同时炉内出料悬臂辊降速到0.25m/s，对于双排料，若炉外辊道不允许存料，则当炉外1号热金属检测器检测到第一根钢坯尾部时，炉内出料悬臂辊降速到0.25m/s，停止并启动慢速反转，使第二根坯料在炉内摆动，直至出炉，然后炉内出料悬臂辊恢复到0.25m/s正转。至此步进出钢过程完毕。步进运行须具备步距纠偏功能。

2.2.2.3 事故等待操作

当轧线区因客观情况而暂时无法要料时，炉区可进行等高位操作。步进梁由原点位（后下位）开始上升至与固定梁等高位，保持至解除等高位操作止。若20min内未解除等高位操作，则步进梁自动下降至原点位停顿1min；若仍未解除等高位操作，则步进梁再次自动开始上升至与固定梁等高位。周而复始直至解除止。

2.2.3 炉区机械设备控制操作

根据生产和维修（或调试）的不同需要有下列不同的操作方式。

（1）自动。由 PLC 按照预定的程序和时序执行，进行自动生产。

（2）半自动。由人工按照生产的要求，用操作台上的开关，按照设备功能分区域通过按预定的程序和时序，进行生产。

（3）手动。由人工按照生产的要求，用操作台上的开关，通过 PLC 对炉区单体设备进行操作生产。

（4）机旁检修手动。人工在设备旁或设备附近的操作点，用操作开关进行检修操作。炉区机械设有两个操作台，若干机旁操作箱。

2.2.3.1 上料操作台

上料操作台上设置的操作和显示：上料部分操作按钮及指示灯（此部分另提）；装料炉门开启、关闭带灯操作按钮；炉内装料悬臂辊道正转、停、反转多位手柄操作开关及运行状态指示灯、工频转换开关、变频转换开关，要求 2 组可单独、联动操作；装料推钢机推钢、返回带灯操作按钮；步进梁升、进、降、退、逆循环带灯操作按钮；点动/单动/自动转换开关；步进梁允许操作显示灯；液压站正常指示灯；液压站异常声光报警指示；操作状态及位置显示；急停按钮；配置电气常规灯钮。

2.2.3.2 主操作台

主操作台上设置的操作和显示：步进梁升、进、降、退、半升、正循环等带灯操作按钮；出料炉门开启、关闭带灯操作按钮；出料悬臂辊正转、停、反转多位手柄操作开关及运行状态指示灯、工频转换开关、变频转换开关；点动/单动/自动/摆动转换开关；步进梁操作地转换开关；操作状态及位置显示；正常/故障等声光显示；急停按钮；步进梁升降、进退位移数值显示；配置电气常规灯钮；编码器复位按钮。

2.2.3.3 步进梁机旁操作箱

步进梁机旁手动操作箱设置的操作和显示：步进梁升、进、降、退四个按钮及点动/单动转换开关（点动按钮压下即以低速运行至按钮松开时停止，单动按钮按下一次即完成一次工艺运行）；正常/调试转换开关（正常：系统接受 PLC 动作指令，封闭手动操作；调试：仅可站外机旁手动操作箱操作，封闭其他处操作）允许机旁操作显示灯；升、进、降、退按钮相互联锁。

2.2.4 炉区机械设备的检查验收和试车

炉内装料悬臂辊道、装料推钢机、光电测长及定位系统、炉子步进机械及其液压系统、炉内出料悬臂辊道、各升降炉门的卷扬设备，各种限位开关等检测与控制元件，工业电视监视系统等，必须按国家有关规定规范或设计文件提出的技术要求，逐项进行检查验收合格签认后，方可进行单机试车和联动试车。

2.2.4.1 试车前的检查项目

（1）检查并确认步进梁立柱与炉底开孔之间的间隙无任何杂物。

（2）彻底清理水封槽内的一切杂物，经检查确认合格。

（3）检查步进框架（包括升降框架或步进梁立柱），即步进机械活动部分是否与周围固定的部件有相碰撞的可能。

（4）检查炉内悬臂辊道和炉内缓冲挡板的辊轴与炉墙开孔之间有无杂物，并将杂物清除干净。辊轴与炉墙开孔之间密封良好，检查确认合格。

（5）检查斜轨道和步进框架下面的平轨道是否干净，并将其清理干净后，涂上黄油。

（6）检查液压管道和液压缸的连接是否正确，密封状况是否合格。

（7）将8组轮组的轮缘表面清理干净。

（8）检查润滑油管与各润滑点的连接是否正确，各润滑点是否已注满甘油，确认润滑站已可正常投入使用。

（9）检查确认液压站各设备安装完毕并合格。

2.2.4.2 机械设备的单机试车

炉区机械设备包括有炉内装料悬臂辊道、光电测长及定位系统、装料推钢机、步进机械、炉内出料悬臂辊道和各升降炉门的卷扬设备等，应逐个对设备应具有的功能，应达到的技术参数，按设计要求和有关的规范规定进行单机试运转，逐项检查验收。单机试车采用手动点动方式，可将运行的全过程，分成几个环节进行，然后再连续运转，现以步进机械为例说明如下。

（1）将步进机械的水平液压缸点动一个往返行程，检查运行的平稳性和最大行程是否达到要求，然后再进行数次往返运动。

（2）将升降缸点动一个往返行程，检验运行平稳性和行程是否达到设计要求，然后再进行数次往返运动。

（3）上料推钢机手动数次，调整后确认其推钢行程正常。

（4）启动炉内装、出悬臂辊道，作正转、反转、升速、降速、停止操作，确认转动灵活，工作可靠为止。

（5）上述试车合格后，再进行半自动试车，作数次步进炉底的正循环和逆循环动作，达到运行平稳。

2.2.4.3 联动试车

联动试车是将上料系统、炉子步进机械、出料系统共同配合进行的连续动作操作，其目的是检查各部分运转是否正常，联锁关系是否正确，并且在联动试车后期应采取冷态有负荷方式进行。

联动试车中应调整各个设备的运行速度和运行时间，直到互相配合协调满足设计要求为止。

2.2.5 热工工艺控制

（1）接班时，认真阅读交班记录，听取上一班司炉工的口头交代。

（2）严格执行各类钢坯加热工艺制度，控制钢坯加热和出钢温度。

1）严格掌握炉温，根据钢种和产量调整炉温，使出钢温度沿长度方向上波动不超过50℃，在出炉钢坯同一截面上任意两点的温度差不得超过50℃。

2）钢坯出钢温度波动范围不大于±50℃。

3）司炉工应根据不同钢种的轧制要求调节炉温，并以钢温为准，炉温为参考进行操作，各类钢加热工艺制度见表2-2。

表2-2 各类钢加热工艺制度

钢类	钢种	加热段/℃	均热段/℃	出钢温度/℃
普碳	Q195～Q235	900～1200	1000～1260	950～1050
	Q195～Q235	900～1200	1000～1250	950～1050
带肋钢筋	20MnSi系列	900～1200	1000～1260	950～1050
碳素结构钢	20～45，16Mn～40Mn	900～1250	1000～1250	1000～1200
合金结构钢	20Cr，20CrMnMo，18～30CrMnT，20CrNiMo，20MnV，ML 20～45，ML 20Cr，ML 20～40Mn	900～1260	1020～1250	1000～1240
	40Cr，35CrMo，42CrMo，50Cr，50CrVA	900～1240	1000～1230	1020～1200
弹簧钢	65Mn，60Si2MnA	900～1220	1050～1200	1000～1180

注：加热段和均热段温度的设定，在特殊情况下允许50℃的波动（普碳钢除外），出钢温度必须符合表中规定（其他钢种按照工艺要求执行）。

4）代表钢种在达产后（130t/h）加热工艺制度见表2-3。

表2-3 代表钢种达产后加热工艺制度

代表钢种	20MnSi	45	Q235	40Cr
加热时间/h	1.5	1.6	1.3	1.7
均热段（上）/℃	1000～1200	1000～1210	1000～1220	1050～1210
均热段（下）/℃	1000～1200	1000～1210	1000～1220	1050～1210
加热段（上）/℃	1000～1250	1000～1260	950～1270	1000～1260
加热段（下）/℃	960～1250	1000～1260	950～1270	1000～1260
预热段/℃	500～850	500～850	500～850	500～850
钢坯出炉温度/℃	1000±50	1060±50	980±50	1050±50

注：表中各段炉温设定值随产量的增减波动±50℃，以保证出钢温度。

5）司炉工应加强巡回检查，随时掌握炉况的变化，按规程要求精心操作，防止发生过热、过烧、脱碳等事故。

6）待轧降温制度，因故而暂时不能正常生产时，应根据待轧时间而确定具体的降温幅度，规定见表2-4。

表2-4 待轧降温制度

待轧时间	均热段温度/℃	加热段温度/℃
<10min	可不降温	可不降温
10～30min	980～1180	900～1150
0.5～1h	950～1150	850～1100
1～1.5h	900～1100	800～1050
1.5～2h	800～1100	750～1000
2～4h	800～1100	700～950

注：待轧时间的确定应由司炉工与造成停轧的有关人员联系共同估计确定。

7）待轧后，需要重新升温而进行轧制，司炉工应遵循以下制度：

① 炉温从800℃升到1200℃需2h，从1200℃升到1250℃出钢需15min；

② 炉温从500℃升到1250℃出钢需6h；

③ 炉温从250℃升到1250℃出钢需12h；

④ 从冷炉提升到1250℃出钢需20～24h。

8）司炉工应经常检查炉体、炉门、阀门、悬臂辊、烧嘴、水管、风管、天然气管、风机、烟道闸门等设备运行情况，发现问题及时处理。

9）操作中（紧急停炉除外）在天然气烧嘴未关闭的情况下，不得将天然气分段调节阀关闭。

10）交班时，应搞好责任区卫生，进行书面、口头交接班，并如实交代生产设备情况及应注意的问题。

2.2.6 点火前的准备条件

（1）清理炉膛内各种杂物，检查水梁上是否有残余物件，立柱与炉底开孔之间的间隙是否有杂物，发现后立即清除。

（2）检查水封槽内是否有杂物，炉内悬臂辊与炉内缓冲挡板辊轴与炉墙开孔之间有无杂物，发现后立即清除。

（3）通知液压站、燃气调压站做好准备。

（4）做好抽盲板及防护的准备工作。

（5）确认各天然气、空气、水的阀门运转灵活，压力表、温度表工作正常。

（6）水梁、水封槽、炉内悬臂辊道送水，并确认回水流量正常。

（7）全开烟道闸板。关闭各烧嘴天然气阀。

（8）打开各段天然气放散阀，连接好N_2与天然气总管及各支管之间的接口，通入N_2吹扫天然气管道、放散总管末端冒N_2不少于15min。待各取样点氧含量小于2%时，关闭各放散点阀门，N_2置换完毕。

（9）抽盲板，打开天然气总管第一个电动调节阀，将天然气送至第一个天然气气动切断阀前。

（10）开启助燃风机往炉内送风，吹扫炉膛10min以上。

2.2.7 点火操作

（1）打开天然气总管上的两个气动切断阀和气动稳压阀，同时打开各放散点阀门。

（2）待放散天然气15min以上后，从离天然气总管最远的取样点取样作爆发试验，连续三次合格后关闭此阀，然后依次自远而近（离天然气总管）对各个取样点做爆发试验，各个点连续三次均合格后方可进行点火，同时关闭各放散点阀门。

（3）确认天然气压力大于15000Pa，风压大于7850Pa，两者有一值低于此值不允许点火。

（4）通知液压站启动液压设备，步进梁运行5个以上周期，开启进、出料辊道运转，确认一切正常。

（5）开启均热下一个可供点火的烧嘴风阀25%左右，将点燃的火把送至烧嘴正下方

150～200mm 处。

（6）开启该烧嘴前天然气阀门直至点燃为止，然后抽出火把，调节好火焰。

（7）一次未点燃，应立即抽出火把，关闭烧嘴前天然气阀，查明原因，同时全开烟道阀门和各烧嘴风阀吹扫炉膛 5～10min，再进行第二次点火。

（8）点火成功后，逐步打开以下其他烧嘴。

（9）点火后升温必须严格按烘炉曲线要求进行。

（10）点火成功后，应经常检查烧嘴、风机、天然气流量的工作状况。

（11）炉压和炉内气氛的控制：

1）本加热炉设有炉压指示和自动控制调节装置，炉压的设定值应在 0～+9.8kPa 范围内，以保证炉膛压力微正压操作；

2）当发现炉子冒火严重时，应及时调低炉压设定值，当发现有吸冷风现象时，应及时调高炉压设定值；

3）应经常检查烟闸传动机构运转是否正常，加强维护；

4）炉内气氛应控制成中性或微还原性气氛，最大限度地减少氧化铁皮的生成，空气过剩系数应控制在 1.05～1.15 之间。

2.2.8　停火操作

（1）根据钢坯在炉内的位置，逐步关闭加一、加二和均热段烧嘴前阀门，保持换向系统运行，进行降温。

（2）待全部钢坯出炉且所有烧嘴前手动阀门关闭后，切断各段天然气调节阀，再关闭总管天然气阀门。

（3）烧嘴没有全部关严，禁止关闭天然气总管阀门，以防回火爆炸。

（4）若停火时间在 4h 以内，可以只关闭烧嘴前手动阀门。

（5）停产 24h 以上，应堵盲板。

（6）通过调节烟闸和炉门开闭控制炉体降温速度，900℃以下，降温速度不得大于 30℃/h。

（7）停火后，炉温应降至 200℃以下方可停换向系统和风机。

2.2.9　烘炉操作

（1）烘炉前必须具备下列条件：

1）炉膛内、水梁上、水封槽内无杂物；

2）液压系统、水冷系统、电控系统、烟道闸门、仪表、阀门、进出料辊道等一切正常；

3）炉体无缺陷。

（2）供炉初期炉门要半开，以便于排出水蒸气。

（3）烘炉期间炉压应保持在 +4.9kPa～+9.8kPa 之间。

（4）新修、大修、中修烘炉不得直接用烧嘴烘炉，应先用特制的大气烧嘴烘炉，后再用烧嘴烘炉。

（5）每次烘炉必须严格按技术部门或供货厂家提供的烘炉曲线烘炉。

（6）新修烘炉应按先烟囱、后烟道、再炉体的顺序进行。烟囱和烟道采用柴火烘烤。

（7）小修烘炉可直接烘烤炉膛。

（8）整个烘炉过程力求温度均衡，避免局部过热或过冷，严禁急剧升降温，并按时准确地做好各类记录。

（9）炉温高于 600℃后，（新修、大修、中修）可直接采用烧嘴烘烤。

（10）烘炉期间每班至少检查炉子各处 4 ~ 5 次，发现问题及时记录并报告技术人员。

（11）烘炉期间，步进机构至少每小时动作一次，进、出料辊道以低速运转。

（12）烘炉期间（含正常生产）冷却水最高水温应在 55℃以下。若有管道水温高于此值则应确认管道的回水流量正常，否则不得继续升温或生产。

2.2.10 炉体的维护

（1）烘炉必须严格按规定的升降温制度进行，严禁急剧升降温。

（2）不允许超高温（高于 1300℃）操作，以保证砌体的寿命。

（3）禁止往高温砌体上喷水。

（4）尽量减少停炉次数。

（5）司炉工每班必须巡视炉子砌体一次，发现问题及时报告有关人员。

（6）经常检查各回水点出水温度，水温不高于 55℃。

（7）因事故停水时，要立即停炉，同时打开烟道闸门使炉子降温。

（8）渣斗每天白班必须清理一次。

2.2.11 炉子钢结构的维护

（1）按规定控制好炉压，防止因炉压太高，炉门冒火而烧坏钢结构。

（2）关严炉体四周炉门，测试孔周围堵塞严密，防止冒火。

（3）注意炉坑卫生，禁止在炉坑内堆放各类杂物。

（4）禁止将氧化铁皮倒入水封槽内。

2.2.12 烧嘴及管道维护

（1）发现烧嘴火焰不稳定、气流不畅通等现象，应停用此烧嘴并报告有关人员。

（2）每班检查各阀门及阀门法兰连接处是否有跑、冒、滴、漏现象，一旦发现即报告维修人员。

2.2.13 紧急事件的处理

（1）当遇停电时：

1）所有在岗人员必须听从指挥，迅速关闭天然气总管气动快切阀并关闭所有烧嘴前手动阀门；

2）通过手动方式打开烟道闸门；

3）与有关人员确认停电时间的长短，以便按规程处理善后事宜。

（2）当突然停天然气时：

1）适当降低烧嘴前空气压力（开度为 20% 左右）；

2）关闭烧嘴前手动天然气蝶阀；

3）打开烟道闸门 100%；

4）与总调及天然气调压站联系，确认停天然气时间的长短，以便按操作规程处理善后事宜。

（3）当遇突然停水时：

1）应立即打开安全水塔供水阀门；

2）在安全水源到达之前应最大限度关闭炉子的供热源；

3）全开烟道闸门；

4）安全水源供应量为半小时，当与总调联系在半小时内不能恢复供水时，应关闭所有的烧嘴；

5）发生水冷系统局部断水时，应立即关闭所有烧嘴并全开烟道闸门，立即通知维修人员处理；

6）因停水引起水梁弯曲变形时，即使恢复供水，炉子也不能点火升温。

任务 2.3　粗　　轧

2.3.1　设备简介

2.3.1.1　出炉辊道

辊子数量：20（其中一个空转）。

辊子尺寸：310mm（直径）×400mm（套管）。

辊道总长度：28.5m。

速度范围：0.2～1m/s。

罩子长度：12m。

2.3.1.2　粗轧机的技术性能

（1）轧机形式：短应力线式红圈轧机。

（2）轧机数量及规格：6 架，RR-464-HS 轧机（ϕ580）×4 + RR-455-HS 轧机（ϕ510）×2。卧式轧机与立式轧机的特性和性能分别见表 2-5、表 2-6。

表 2-5　卧式轧机特性和性能　（mm）

卧式轧机	1H	3H	5H
最小工作中心距（轧辊间隙）	520	520	440
最大工作中心距（轧辊间隙）	620	620	530
无负载时最大工作中心距	640	640	550
轧辊辊身	760	760	750
移动装置	695	695	685
轴向调节范围	±4	±4	±4

表2-6　立式轧机特性和性能　　(mm)

立式轧机	2V	4V	6V
最小工作中心距（轧辊间隙）	520	520	440
最大工作中心距（轧辊间隙）	620	620	530
无负载时最大工作中心距	640	640	550
轧辊辊身	760	760	750
移动装置	695	695	685
轴向调节	±4	±4	±4

(3) 布置形式：顺列式平/立交替布置。
(4) 轧制线标高：+5700mm。
(5) 轧制方式：单线微张力轧制。
(6) 轧辊调整：径向调整和轴向调整。
(7) 轧机传动：直流电机单独传动。
(8) 换辊方式：液压换辊。
(9) 粗轧机传动参数见表2-7。

表2-7　粗轧机传动参数

机架号		1H	2V	3H	4V	5H	6V
主电机功率/kW		500	500	500	500	500	500
电机转速 /r·min^{-1}	额　定	700	700	700	700	700	700
	最　大	1200	1200	1200	1200	1400	1200
总速比		57.69	46.63	38.67	33.72	20.37	15.91

(10) 粗轧机轧辊参数见表2-8。

表2-8　粗轧机轧辊参数

机架号	轧辊材质	轧辊直径/mm		辊身长度/mm
		最　大	最　小	
1H	CrMo 球无	580	500	760
2V	CrMo 球无	580	500	760
3H	CrMo 球无	580	500	760
4V	CrMo 球无	580	500	760
5H	CrMo 球无	510	455	750
6V	CrMo 球无	510	455	750

注：CrMo 球无为简称，全称为 CrMo 球墨无限冷硬系列铸铁轧辊。

2.3.2　轧机基本操作

2.3.2.1　轧机调整

A　RR-464-HS 轧机（ϕ580）的调整

(1) RR-464-HS 轧机（ϕ580）的调整包括径向调整（辊缝调整）和轴向调整（错槽

调整）。

（2）RR-464-HS轧机（ϕ580）径向调整机构由蜗轮蜗杆、丝杠螺母机构组成，每侧轴承座上放置一套，中间由手动联轴器相连。在轧机操作侧，通过手柄进行辊缝调整。打开离合器可实现辊缝的单侧调整，合上则实现同步调整。在轧机传动侧，有液压马达与蜗杆轴相接，可实现自动调整（压量或放量）。辊缝调整通过蜗杆带动蜗轮的压下螺丝来实现。

轧辊径向调整方式包括液压调整（本地操作台调整）和手动调整两种方式。

液压调整时，本地操作台把选择开关打到“本控”，本地操作台即可以操作。操作工首先在本地操作台上进行机架选择，转动“选择轧机”开关，确认要进行调整的机架后，按“辊缝减少”或“辊缝增大”按钮，即可实现辊缝调整。

手动调整时，操作工转动轧机操作侧的扳手来实现辊缝值的改变，RR-464-HS（ϕ580）轧机刻度盘一圈表示16，刻度盘上每一小格表示0.0125mm，每顺时针转动轧机操作侧的扳手一圈，辊缝增大0.2mm，反之则辊缝减小0.2mm。辊缝值也可通过塞尺或内卡尺人工检测。新槽的辊缝值根据孔型参数表数据确定，在轧制过程中要根据轧槽磨损程度和轧制钢种的变化对辊缝值进行适当调整。

（3）RR-464-HS轧机（ϕ580）的轴向调整是用扳手人工旋转轧辊操作侧上轴承座上的转轴，通过齿轮结构转动带有外螺纹的推力轴承外套，使之带动推力轴承连同上轧辊一起做轴向移动，从而完成轧辊的轴向调整。

B　RR-455-HS轧机（ϕ510）的调整

（1）RR-455-HS轧机（ϕ510）的调整包括径向调整（辊缝调整）和轴向调整（错槽调整）。

（2）RR-455-HS轧机（ϕ510）的径向调整机构与RR-464-HS轧机（ϕ580）的径向调整机构相同，手动调整时，操作工转动轧机操作侧的扳手来实现辊缝值的改变，RR-455-HS（ϕ510）轧机刻度盘一圈表示12mm，刻度盘上每一小格表示0.1mm，每顺时针转动轧机操作侧的扳手一圈，辊缝增大0.15mm，反之则辊缝减小0.15mm。

（3）RR-455-HS轧机（ϕ510）的轴向调整与RR-464-HS轧机（ϕ580）的轴向调整相同。

2.3.2.2　换辊及换槽操作

换辊采用天车整体吊装轧机及底座。换槽是通过整体横移轧机及底座来实现的。

A　换槽操作及有关规定

（1）当轧槽出现裂纹、麻点、掉肉等缺陷影响成品质量时，应及时换槽，严禁延长使用期。

（2）当轧槽磨损严重，通过压下不能保证轧件尺寸时，应及时换槽，严禁卡辊轧制。

（3）严格遵守换槽制度，合理使用轧槽，力求同一轧辊上的轧槽磨损均匀一致。

（4）换槽应按从右至左或从下到上依次更换，严禁跳槽更换。

（5）对损坏的新槽禁止使用。

（6）换槽后应重新调整孔型，包括径向和轴向调整。

（7）换完槽后必须填写“连轧分厂轧槽更换记录”。

(8) 更换轧槽时，必须严格按照以下程序操作：

1) 按规定的程序关闭轧机主传动（主控台操作）；

2) 关闭冷却水（主控台操作）；

3) 在本地操作台将选择开关从“远控”打至“本控”；

4) 选择要操作的机架号（转动“选择轧机”开关到需换槽的轧机）；

5) 按下“辊缝增大”按钮，启动液压马达，使辊缝增大到能使进、出口导卫实现横移的适当宽度；

6) 拧松进、出口导卫的固定螺丝，移动导卫至新槽处，粗略对正；

7) 按下“辊缝减小”按钮，启动液压马达，使辊缝调整到所要求的值；

8) 在操作侧人工用扳手旋转导卫横梁的调整螺母，使导卫对正新轧槽，使用目测检验，实现精确调整；

9) 拧紧进、出口导卫固定螺丝；

10) 把冷却水管摆放好，对正新的轧槽；

11) 调整轧机的高度或前后位置使新轧槽对准轧制线；

12) 将选择开关由“本控”打至“远控”；

13) 打开冷却水（主控台操作）。

B 换轧机操作及有关规定

(1) 严格按照生产计划规定的品种、规格组织换轧机。

(2) 轧机更换必须严格执行换轧机制度，严禁延长使用或重复使用旧轧槽。

(3) 停车换轧机前，轧钢工必须严格按“连轧分厂轧机装配及使用记录”注明的轧辊直径核对各轧辊的实际直径。

(4) 换完轧机后必须填写“连轧分厂轧机装配及使用记录”。

2.3.2.3 更换轧机

A 水平轧机更换操作程序（1H、3H、5H）

(1) 按规定的程序关闭轧机主传动（主控台操作）。

(2) 关闭冷却水（主控台操作）。

(3) 在本地操作台将选择开关从“远控”打至“本控”。

(4) 选择要操作的机架号（转动“选择轧机”开关到需更换的轧机）。

(5) 取下冷却水管。

(6) 松开轧机（按“轧机松开”按钮）。

(7) 把轧机向前移动到极限位置（按“机轴向前（向下）”按钮）。

(8) 打开轧机与主轴小车之间的销轴（按“销子松开”按钮）。

(9) 把主轴小车向后移动到极限位置（按“机轴向后（向上）”按钮）。

(10) 用天车将轧机吊走，吊运的过程要小心，不要使轧机碰撞，以防止轧机及其附属设备被碰坏。

(11) 确保所有轧机锁紧销松开时主轴小车在最后面的极限位置，连接主轴和机架的液压缸完全关闭。

(12) 用天车把新轧机及底座吊到滑道上，保证轧机底座上的定位槽在滑道上的正确位置。确认轧机传动主轴轴套方向已和新轧机轧辊辊头方向吻合（如果没有吻合，转动轧辊使其与轧机传动主轴轴套方向相吻合）。

(13) 按“机轴向前（向下）”按钮，将主轴向前移动，在主轴小车前移的过程中，注意检查轧机上的快速连接板是否已与主轴小车上的快速连接板对正。

(14) 把主轴小车和轧机连起来（按“销子锁紧”按钮）。

(15) 按“机轴向后（向上）”按钮，使主轴带动轧机向后退至对准轧制线。

(16) 将轧机锁紧在滑道上（按“轧机锁紧”按钮）。

(17) 检查新换上线的轧机进、出口导卫是否已和所要使用的轧槽对正，否则调整导卫横梁及导卫实现对正轧槽。

(18) 检查所要使用的轧槽是否已与轧制线对正，否则用“机轴向后（向上）”或“机轴向前（向下）”按钮调整前后位置来实现对正轧制线。

(19) 安装好水管。

(20) 待一切就绪后，在本地操作台将选择开关从“本控”打回“远控”。

B　立式轧机更换操作程序（2V、4V、6V）

(1) 按规定的程序关闭轧机主传动（主控台操作）。

(2) 关闭冷却水（主控台操作）。

(3) 在本地操作台将选择开关从“远控”打至“本控”。

(4) 选择要操作的机架号（转动“选择轧机”开关到需更换的轧机）。

(5) 取下冷却水管。

(6) 检查更换小车是否停止在在线的位置，检查更换小车的表面是否清洁干净，且更换小车附近不能有杂物。

(7) 松开轧机（按“轧机松开”按钮）。

(8) 把轧机及底座向下移到极限位置，落在更换小车上（按“机轴向前（向下）”按钮）。

(9) 打开轧机与主轴小车之间的销轴（按“销子松开”按钮）。

(10) 通过液压缸把主轴小车升到最高位置（按“机轴向后（向上）”按钮）。

(11) 按“立式轧机离线”按钮，通过液压缸将轧机及底座推到最前的位置。

(12) 用天车将轧机及底座吊走，吊运的过程要小心，不要使轧机碰撞，以防止轧机及其附属设备被碰坏。

(13) 确保所有锁紧销松开时主轴小车在最高极限位置，连接主轴和机架的液压缸完全关闭，更换小车完全在外面。

(14) 用天车把新轧机及底座吊到更换小车上，保证轧机底座上的定位销在更换小车上的正确位置。确认轧机传动主轴轴套方向已和新轧机轧辊辊头方向吻合（如果没有吻合，转动轧辊使其与轧机传动主轴轴套方向相吻合）。

(15) 按“立式轧机在线”按钮，使更换小车承载着轧机移动至在线位置（“立式轧机在线”灯亮）。

(16) 把主轴小车降低，按“机轴向前（向下）”按钮，在主轴小车下降的过程中，注意检查轧机上的快速连接板是否已与主轴小车上的快速连接板对正。

(17) 把主轴小车和轧机连起来（按“销子锁紧”按钮）。

(18) 抬起主轴小车，使主轴带动轧机向上升至对准轧制线（按“机轴向后（向上）”按钮）。

(19) 将轧机锁紧在滑道上（按“轧机锁紧”按钮）。

(20) 安装好水管。

(21) 检查新换上线的轧机进、出口导卫是否已和所要使用的轧槽对正，否则调整导卫横梁及导卫实现对正轧槽。

(22) 检查所要使用的轧槽是否已与轧制线对正，否则用“机轴向后（向上）”或“机轴向前（向下）”按钮调整上下位置来实现对正轧制线。

(23) 待一切就绪后，在本地操作台将选择开关从“本控”打回“远控”。

2.3.2.4 导卫拆卸

(1) 停止轧机主传动，待轧辊冷却后关闭冷却水。

(2) 拆下导卫的冷却和润滑管线，油/气润滑系统先停止。

(3) 用扳手松开导卫压紧的螺母。

(4) 用吊车吊下导卫。

2.3.2.5 导卫安装

(1) 操作工使用导卫前，应检查滚动导卫的导辊间距是否符合要求，导辊转动是否灵活，左右导辊是否错位，导卫副是否松动，夹持轧件松紧程度是否适宜，导卫内是否有异物和划痕。

(2) 借助吊车把导卫吊起装在轧机横梁上，注意导卫中心线与轧槽中心线对正。

(3) 粗轧机1H、2V、3H、4V、5H、6V出口导卫和1H、2V、3H、5H进口导卫均为滑动导卫，其位置在轧机横梁的导卫托架上固定，不可以调整。

(4) 用扳手将导卫托架压板的紧固螺母拧紧，将导卫固定在托架上。

(5) 连接安装润滑和冷却管线。

2.3.2.6 试车和轧钢生产规定

(1) 开车前必须检查以下内容：

1) 轧机本地操作台的选择开关是否在“远控”位置；

2) 进、出口导卫装置安装是否正确，导卫是否坚固，导卫内是否有异物；

3) 轧槽是否与导卫及轧制线对正；

4) 轧辊安装是否正确，有无窜辊现象，轧槽表面质量是否完好，辊缝值是否正确；

5) 轧槽冷却水是否打开，冷却水喷嘴是否畅通；

6) 1号剪剪刃是否在复位位置；

7) 确认以上无误后，通知主控台，粗轧机方可开车。

(2) 轧制过程中要经常检查冷却水的情况，如轧制过程中冷却水出现问题，应立即通知主控台停车，轧机长时间停车要关闭冷却水。

（3）轧制过程中要经常检查轧件的尺寸和形状，严禁各道轧件出现耳子、拉丝等缺陷，6V 轧机出口轧件尺寸应为 $\phi(72 \pm 2)$ mm（或 $\phi(68 \pm 2)$ mm）。

（4）轧制过程中要经常检查轧槽的使用磨损情况和轧件表面质量，轧件不能出现重皮、结疤、划痕等表面缺陷。

（5）轧制过程中要经常检查各道次进出口导卫固定和使用情况，随时检查滚动导卫导辊油/气润滑是否良好，如有问题及时处理。

2.3.2.7　1 号飞剪（CSI80 旋转式）

A　电机数据

功率：188kW。

转速：600r/min。

位置：位于粗轧机 6V 轧机后。

作用：用于剪切轧件头、尾及作事故碎断用。

结构：旋转式飞剪，启、停工作制，箱体焊接结构。

主要技术参数：型号为 CSI80 旋转式；最大剪切尺寸为 ϕ80mm；最小剪切温度为 900℃；最大速度为 1.8m/s；最小速度为 0.8m/s；最大剪切力为 65kPa；最大剪切扭矩为 17kN · m；减速比为 2.1428；剪臂轴中心距为 600mm；剪刀数量为 2 + 2；碎断长度约为 950mm；刀片材料为 DINX37CrMoV51（46 ~ 50HRC）；刀片宽度为 200mm。

B　启动前准备

（1）检查分段飞剪的设定值是否正确。

（2）检查各个限位开关是否正确运行，箱体调整是否正确，以免刀具的旋转与刀座旋转发生干涉。

（3）检查分段飞剪的油位是否正常。

（4）油从部位传送（集中润滑）。

（5）确保两把刀片之间的间隙为 0.2mm。

（6）检查所有的手动点是否已经注了黄油。

C　启动

在一次工作程序的开始时，自控盘上将油加热启动。油加热到启动工作温度，启动润滑泵并接通油脂润滑系统。此时可以按下位于控制盘上启动电钮，设备启动后工作人员要远离设备危险范围。

D　停机

按下 ON/OFF 按钮来停止分段飞剪，设备停下来后停车制动器便自动分开。

E　在维护操作前

（1）机器必须断电，并且已经采取了必要的防护措施以防止在维修过程中接触机器或部件所造成的意外伤害事故。

（2）如果中途停车维修或更换刀片要切断机器的动力电源，并且采取所有的所需安全防护措施以保证他们人身的安全。

任务2.4　中　轧

2.4.1　中轧机的技术性能

（1）轧机形式：短应力线式红圈轧机。

（2）轧机数量及规格：6架，RR-455-HS轧机（ϕ510）×2＋RR-445-HS轧机（ϕ400）×4。卧式轧机与立式轧机的特性和性能分别见表2-9、表2-10。

表2-9　卧式轧机特性和性能　（mm）

卧式轧机	7H	9H	11H
最小工作中心距（轧辊间隙）	440	310	310
最大工作中心距（轧辊间隙）	530	370	370
无负载时最大工作中心距	550	380	380
轧辊辊身	750	650	650
移动装置	685	570	570
轴向调节范围	±4	±3	±3

表2-10　立式轧机特性和性能　（mm）

立式轧机	8V	10V	12V
最小工作中心距（轧辊间隙）	440	310	310
最大工作中心距（轧辊间隙）	530	370	370
无负载时最大工作中心距	550	380	380
轧辊辊身	750	650	650
移动装置	685	570	570
轴向调节范围	±4	±3	±3

（3）布置形式：顺列式平/立交替布置。

（4）轧制线标高：+5700mm。

（5）轧制方式：7H、8V单线微张力轧制；9H、10V、11H、12V活套轧制。

（6）轧辊调整：径向调整和轴向调整。

（7）轧机传动：直流电机单独传动。

（8）换辊方式：7H、8V、9H、10V天车整体吊装轧机；11H、12V轧机快换装置。

（9）中轧机传动参数见表2-11。

表2-11 中轧机传动参数

机架号		7H	8V	9H	10V	11H	12V
主电机功率/kW		850	600	850	600	850	600
电机转速/r·min^{-1}	额定	800	700	800	700	800	700
	最大	1400	1400	1400	1400	1400	1400
总速比		13.55	10.56	7.24	5.40	4.64	3.44

(10) 中轧机轧辊参数见表2-12。

表2-12 中轧机轧辊参数

机架号	轧辊材质	轧辊直径/mm		辊身长度/mm
		最大	最小	
7H	CrMo 球无	510	455	650
8V	CrMo 球无	510	455	650
9H	针状贝氏体	400	350	650
10V	针状贝氏体	400	350	650
11H	针状贝氏体	400	350	650
12V	针状贝氏体	400	350	650

2.4.2 轧机基本操作

2.4.2.1 轧机调整

A RR-455-HS 轧机（ϕ510）的调整

RR-455-HS 轧机（ϕ510）的调整包括径向调整（辊缝调整）和轴向调整（错槽调整），其调整方式与粗轧机的 RR-455-HS 轧机（ϕ510）的调整方式相同。

B RR-445-HS 轧机（ϕ400）的调整

(1) RR-445-HS 轧机（ϕ400）的调整包括径向调整（辊缝调整）和轴向调整（错槽调整）。

(2) RR-445-HS 轧机（ϕ400）的径向调整机构与 RR-455-HS 轧机（ϕ510）的径向调整机构相同，手动调整时，操作工转动轧机操作侧的扳手来实现辊缝值的改变，RR-445-HS 轧机（ϕ400）轧机刻度盘一圈表示 12，刻度盘上每一小格表示 0.1mm，每顺时针转动轧机操作侧的扳手一圈，辊缝增大 0.2mm，反之则辊缝减小 0.2mm。

(3) RR-445-HS 轧机（ϕ400）的轴向调整与 RR-455-HS 轧机（ϕ510）的轴向调整相同。

2.4.2.2 换辊及换槽操作

7H、8V、9H、10V 轧机换辊采用天车整体吊装轧机及底座，11H、12V 轧机换辊采用快速换辊装置。换槽是通过整体横移轧机及底座来实现的。

A 换槽操作及有关规定

中轧机换槽操作及有关规定与粗轧机换槽操作及有关规定相同。

B 换轧机操作及有关规定

中轧机换轧机操作及有关规定与粗轧机换轧机操作及有关规定相同，快速换辊装置详见精轧机。

2.4.2.3 导卫拆卸

中轧机导卫拆卸与粗轧机导卫拆卸方式相同。

2.4.2.4 导卫安装

中轧机导卫安装与粗轧机导卫安装方式相同。

2.4.2.5 试车和轧钢生产规定

中轧机试车和轧钢生产规定与粗轧机试车和轧钢生产规定相同。

2.4.2.6 2 号飞剪（CSI40 旋转式）

A 电机数据

功率：188kW。

转速：600r/min。

位置：位于粗轧机 12V 轧机后。

作用：用于剪切轧件头、尾及作事故碎断用。

结构：旋转式飞剪，启、停工作制，箱体焊接结构。

主要技术参数：型号为 CSI40 旋转式；最大剪切尺寸为 ϕ41mm；最小剪切温度为 900℃；最大速度为 6.8m/s；最小速度为 1.5m/s；最大剪切力为 50kPa；最大剪切扭矩为 8kN · m；减速比为 2.1905；剪臂轴中心距为 700mm；剪刀数量为 3 + 3；碎断长度约为 730mm；刀片材料为 DINX37CrMoV51（46 ~ 50HRC）；刀片宽度为 150mm。

B 启动前准备

（1）检查分段飞剪的设定值是否正确。

（2）检查各个限位开关是否正确运行，箱体调整是否正确，以免刀具的旋转与刀座旋转发生干涉。

（3）检查分段飞剪的油位是否正常。

（4）确保两把刀片之间的间隙为 0.2mm。

（5）检查所有的手动点是否已经注了黄油。

C 启动

在一次工作程序的开始时，自控盘上将油加热启动。油加热到启动工作温度，启动润滑泵并接通油脂润滑系统。此时可以按下位于控制盘上启动电钮，设备启动后工作人员要远离设备危险范围。

D 停机

按下 ON/OFF 按钮来停止分段飞剪，设备停下来后停车制动器便自动分开。

E 在维护操作前

（1）机器必须断电，并且已经采取了必要的防护措施以防止在维修过程中接触机器或部件所造成的意外伤害事故。

（2）如果中途停车维修或更换刀片要切断机器的动力电源，并且采取所有的所需安全防护措施以保证他们人身的安全。

2.4.2.7　其他设备

A　空过辊道

（1）功能：根据生产工艺轧制表生产某些品种（大规格），轧机需要空过时，采用空过辊道。

（2）技术性能。

1）空过辊道形式：2 种（水平轧机空过辊道、立式轧机空过辊道）。

2）空过辊道数量：2 套。

3）空过辊道结构：每套辊道都采用焊结钢结构，轴承传动。辊子采用厚钢管制造。两个辊子由一个可调速电动机通过皮带来驱动。结构的底部与轧辊架的底部设计一样，便于系统装置的快速更换和夹紧。在空过辊道上，专门设置一个钟形罩。

4）空过辊道主要特性：辊距为 1000mm；空过辊道通过机架为 11H 到 12V。

B　轧机快速更换装置

（1）作用：用来快速和同时更换 11H 到 12V 轧机，无需使用吊车。

（2）功能：详见精轧区操作技术规程。

C　导管

用于轧机间连接。

D　活套成型器（9H、10V、11H、12V 活套轧制）

（1）功能：垂直向上起套，单线立式活套。

（2）结构：钢结构；起套辊采用气缸驱动；活套成型器是固定式的。

任务 2.5　精　　轧

2.5.1　精轧机的技术性能

（1）轧机形式：短应力线式红圈轧机。

（2）轧机数量及规格：6 架，RR-445-HS 轧机（ϕ350）×6。卧式轧机和立式轧机的特性与性能分别见表 2-13、表 2-14。

表 2-13　卧式轧机特性和性能　（mm）

卧式轧机	13H	15H	17H
最小工作中心距（轧辊间隙）	310	310	310
最大工作中心距（轧辊间隙）	370	370	370
无负载时最大工作中心距	380	380	380
轧辊辊身	650	650	650
移动装置	570	570	570
轴向调节范围	±3	±3	±3

表2-14 立式轧机特性和性能

(mm)

立式轧机	14V	16V	18V
最小工作中心距（轧辊间隙）	310	310	310
最大工作中心距（轧辊间隙）	370	370	370
无负载时最大工作中心距	380	380	380
轧辊辊身	650	650	650
移动装置	570	570	570
轴向调节范围	±3	±3	±3

(3) 布置形式：顺列式平/立交替布置。
(4) 轧制线标高：+5700mm。
(5) 轧制方式：活套轧制。
(6) 轧辊调整：径向调整和轴向调整。
(7) 轧机传动：直流电机单独传动。
(8) 换辊方式：快速换辊装置。
(9) 精轧机传动参数见表2-15。

表2-15 精轧机传动参数

机架号		13H	14V	15H	16V	17H	18V
主电机功率/kW		850	600	850	600	850	600
电机转速/r·min^{-1}	额定	800	800	800	800	800	800
	最大	1400	1400	1400	1400	1400	1400
总速比		2.64	2.20	1.71	1.55	1.20	1.15

(10) 精轧机轧辊参数见表2-16。

表2-16 精轧机轧辊参数

机架号	轧辊材质	轧辊直径/mm		辊身长度/mm
		最大	最小	
13H/V	针状贝氏体	350	300	650
14H/V	针状贝氏体	350	300	650
15H	针状贝氏体	350	300	650
16H/V	针状贝氏体	350	300	650
17H	针状贝氏体	350	300	650
18H/V	针状贝氏体	350	300	650

2.5.2 轧机基本操作

2.5.2.1 轧机调整

A RR-445-HS轧机（ϕ350）的调整

RR-445-HS轧机（ϕ350）的调整包括径向调整（辊缝调整）和轴向调整（错槽调整），其调整方式与中轧机的RR-445-HS轧机（ϕ400）的调整方式相同。

B RR-445-HS轧机（ϕ350）的调整

（1）RR-445-HS轧机（ϕ350）的调整包括径向调整（辊缝调整）和轴向调整（错槽调整）。

（2）RR-445-HS轧机（ϕ350）的径向调整机构与RR-445-HS轧机（ϕ400）的径向调整机构相同，手动调整时，操作工转动轧机操作侧的扳手来实现辊缝值的改变，RR-445-HS轧机（ϕ350）轧机刻度盘一圈表示12，刻度盘上每一小格表示0.1mm，每顺时针转动轧机操作侧的扳手一圈，辊缝增大0.2mm，反之则辊缝减小0.2mm。

（3）RR-445-HS轧机（ϕ350）的轴向调整与RR-445-HS轧机（ϕ400）的轴向调整相同。

2.5.2.2 换辊及换槽操作

轧机换辊采用快速换辊装置。换槽是通过整体横移轧机及底座来实现的。

A 换槽操作及有关规定

精轧机换槽操作及有关规定与中轧机换槽操作及有关规定相同。

B 换轧机操作及有关规定

精轧机卧式轧机换轧机操作及有关规定与中轧机换轧机操作及有关规定相同。

C 精轧旋转式轧机更换轧机操作（14H/V、16H/V、18H/V）

（1）旋转式轧机处于水平位置时，其换轧机方法同水平轧机的更换方法一样。

（2）旋转式轧机处于垂直位置时，其换轧机方法如下：

1）按规定的程序关闭轧机主传动（主控台操作）；

2）关闭冷却水（主控台操作）；

3）在本地操作台将选择开关从“远控”打至“本控”；

4）在本地操作台转动“选择轧机”开关到需要更换的轧机；

5）人工拆除冷却水管；

6）人工将主电机接轴松开；

7）在本地操作台上按下“松开”按钮，使旋转机架锁紧装置松开；

8）选择“水平”按钮，将轧机从垂直布置形式转换到水平布置形式；

9）松开轧机（按“轧机松开”按钮）；

10）把轧机向前移动到极限位置（按“机轴向前（向下）”按钮）；

11）打开轧机与主轴小车之间的销轴（按“销子松开”按钮）；

12）把主轴小车向后移动到极限位置（按“机轴向后（向上）”按钮）；

13）选择“液压缸前进”按钮，使快换液压缸铁钩与轧机及底座连接后，选择“液压缸后退”按钮，将轧机及底座移至快换横移小车上，脱开快换液压缸铁钩，继续按“液压缸后退”按钮，使铁钩继续向后移动到最后；

14）横移快换横移小车，使换下的轧机移到一侧，新轧机对正滑道；

15）选择“液压缸前进”按钮，使快换液压缸铁钩与新轧机及底座连接后，继续按“液压缸前进”按钮，将机架推到在线的位置，脱开快换液压缸铁钩，选择“液压缸后退”按钮，使铁钩向后移动到最后；

16）按“机轴向前（向下）”按钮，将主轴向前移动，在主轴小车前移的过程中，注意检查轧机上的快速连接板是否已与主轴小车上的快速连接板对正；

17）把主轴小车和轧机连起来（按“销子锁紧”按钮）；

18）按“机轴向后（向上）”按钮，使主轴带动轧机向后退至最后；

19）将轧机锁紧在滑道上（按“轧机锁紧”按钮）；

20）选择“垂直”按钮，将轧机机架从水平布置形式转换到垂直布置形式；

21）选择“锁紧”按钮，使旋转机架锁紧；

22）人工将主电机接轴锁紧；

23）检查所要使用的轧槽是否已与轧制线对正，否则用“机轴向后（向上）”或“机轴向前（向下）”按钮调整上下位置来实现对正轧制线；

24）检查新换上线的轧机进、出口导卫是否已和所要使用的轧槽对正，否则调整导卫横梁及导卫实现对正轧槽；

25）安装好水管；

26）待一切就绪后，在本地操作台将选择开关从“本控”打回“远控”。

2.5.2.3 导卫拆卸

精轧机导卫拆卸与中轧机导卫拆卸方式相同。

2.5.2.4 导卫安装

精轧机导卫安装与中轧机导卫安装方式相同。

2.5.2.5 试车和轧钢生产规定

精轧机试车和轧钢生产规定与中轧机试车和轧钢生产规定相同。

2.5.3 3号飞剪（VMC40N分段飞剪）

2.5.3.1 电机数据

功率：280kW。

转速：650r/min。

位置：位于棒材PQS控冷淬火系统后，大冷床前。

作用：将棒材剪切成定尺的倍数。

结构：组合式飞剪（曲柄型+飞剪型）。

主要技术参数：型号为VMC40N分段飞剪；飞剪型的最大速度为18m/s；飞剪型的最小速度为3.5m/s；曲柄型的最大速度为7m/s；曲柄型的最小速度为2m/s；曲柄型+飞轮

的最大速度为 4.5m/s；曲柄型＋飞轮的最小速度为 1.5m/s；最大剪切力为 40kPa；最大剪切扭矩为 8kN · m；减速比为 1.2609；剪刀数量为 1＋1；刀片材料为 DINX37CrMo（46～50HRC）。

2.5.3.2　启动前准备

（1）无论采用曲柄方式还是采用飞剪方式，检查分段飞剪的设定值是否正确。

（2）检查各个限位开关是否正确运行，箱体调整是否正确，以免刀具的旋转与刀座旋转发生干涉。

（3）检查分段飞剪的油位是否正常。

（4）确保两把刀片之间的间隙为 0.2mm。

2.5.3.3　启动

油加热到启动工作温度，可以按下位于控制盘上启动电钮，设备启动后工作人员要远离设备危险范围。

2.5.3.4　停机

按下 ON/OFF 按钮来停止分段飞剪，设备停下来后停车制动器便自动分开。

2.5.3.5　在维护操作前

（1）机器必须断电，并且已经采取了必要的防护措施以防止在维修过程中接触机器或部件所造成的意外伤害事故。

（2）如果中途停车维修或更换刀片要切断机器的动力电源，并且采取所有的所需安全防护措施以保证他们人身的安全。

2.5.4　其他设备

2.5.4.1　空过辊道

A　功能

根据生产工艺轧制表生产某些品种（大规格），轧机需要空过时，采用空过辊道。

B　技术性能

（1）空过辊道形式：2 种（水平轧机空过辊道、立式轧机空过辊道）。

（2）空过辊道数量：6 套。

（3）空过辊道结构：每套辊道都采用焊结钢结构，轴承传动。辊子采用厚钢管制造。两个辊子由一个可调速电动机通过皮带来驱动。结构的底部与轧辊架的底部设计一样，便于系统装置的快速更换和夹紧。在空过辊道上，专门设置一个钟形罩。

（4）空过辊道主要特性：辊距为 1000mm；空过辊道通过机架为 11H 到 18H/V。

2.5.4.2　轧机快速更换装置

A　作用

（1）用来快速和同时更换 11H 到 18H/V 轧机，无需使用吊车。

(2) 更换分两组进行。

(3) 每个轧机处设一台轧机快速更换装置，每台装置有能力并排存放两台轧机。

B 功能

在轧制作业结束前，备用轧机预先装配好，并安放在轧机快速更换装置上。轧制作业结束后，采用液压装置将旧轧机从轧制线上拉到滑车上。轧机快速更换装置向旁边移动，直到新轧机与轧制线上的位置对成一条线，然后采用液压装置将新轧机推到轧制线上，做好轧制准备。当车间吊车可供使用时，可以随时用吊车将旧轧机从轧机快速更换装置上卸下。

2.5.4.3 导管

用于轧机间连接。

2.5.4.4 活套成型器

(1) 功能：垂直向上起套，单线立式活套。

(2) 结构：钢结构；起套辊采用气缸驱动；活套成型器是固定式的。

2.5.5 轧前准备

2.5.5.1 轧机检查

(1) 检查压下装置转动是否灵活，单边调整和两边同时调整是否可以灵活转换。

(2) 用轧铁丝法或用塞尺检查两轧辊是否水平，辊缝是否符合要求，观察孔槽质量、孔型是否对正。

(3) 检查连接杆的连接情况，要求连接杆包括螺栓、螺母、销轴等完整、牢固，传动情况良好。

(4) 检查轧机的固定情况，要求不得松动。

(5) 检查冷却水路是否畅通，油/气润滑线路是否良好。

2.5.5.2 导卫装置检查

(1) 逐架逐道次检查进、出口导卫，要求导卫形式、规格与所轧制的品种规格相符，滚动导卫的导辊转动灵活，夹持轧件松紧适宜，导卫副、鼻锥不得松动，磨损不能太严重，保证能扶正轧件正确进入孔型；进、出口导卫必须对正轧槽，出口导管、鼻锥必须和轧辊良好接触，保证轧件顺利导出。

(2) 检查导卫盒体安装情况，要求其在导卫横梁上安装牢固。

(3) 检查导卫横梁不得扭曲，要求安装水平稳固，横梁滑动面保持清洁光滑，表面不得磕碰损坏、导卫横移丝杆转动灵活，螺纹间隙不能过大，保证导卫固定后不会自行移动。换槽时移动灵活。

(4) 检查导槽必须固定可靠，不得松动。必须对正轧制线，导槽内不得有铁皮和其他异物，以免阻碍轧件的正常运行或划伤轧件表面。

(5) 导辊冷却水、油/气润滑要求畅通，水、油/气充足。

(6) 飞剪的进口要求对正剪刃、安装牢固。

2.5.5.3 活套检查

(1) 检查各个活套进、出口是否正确，道路是否通畅。
(2) 检查各个活套的活套扫描仪是否完好、灵敏。
(3) 检查活套气缸是否完好，推辊动作是否正确、灵活。
(4) 检查活套起套辊、压套辊是否转动灵活。

2.5.5.4 控制装置检查

(1) 检查控制装置是否有效。
(2) 在主控台上进行模拟控制操作，检查是否有报警信号。

2.5.6 开轧

2.5.6.1 轧机启动

操作工待轧机启动条件就绪后，按规定向轧线发出开机信号后，按单机—分组—全线的顺序启动轧机。待轧机运转平稳后，对轧机导卫、水路、油/气路再进行一次检查，尤其对紧固件要仔细查看。

2.5.6.2 辅助设备运转

待主轧机启动完毕，分别启动1号、2号、3号飞剪和跳钢机，试验飞剪剪切动作，跳钢机的跳钢动作、冷床动作及运行状况，试验各个活套的起套动作。如果发现问题通知有关人员及时处理，待一切正常后，才允许试轧。水路、油/气路再进行一次检查，尤其对紧固件要仔细查看。

2.5.7 停机

2.5.7.1 正常停机

换槽、换辊、换品种、换规格时，需要的停机均属于正常停机。主控台操作工通知出钢操作台停止出钢。然后向调整工等发出正常停机信号。将轧线上的所有轧件轧完后，按单机—分组—全线的顺序正常停机。

2.5.7.2 事故停机

(1) 如加热炉故障，精整线上故障及轧线上设备故障，轧钢质量缺陷检查，需要停轧必须停机。按正常停机顺序停机。

(2) 当发生连接杆自行脱开、断辊或其他重大设备、人身事故时才采取停机，当粗轧机组发生上述事故时采用粗轧机组急停，当中轧机组、精轧机组及其后面轧制线上发生上述事故则采用中轧机组急停、精轧机组急停。同时启动1号、2号飞剪碎断来料。也可以根据实际需要采用全线急停。急停后必须提升轧机，取出轧辊间的轧件，再重新调整，严禁带负荷启动轧机。

2.5.8 试轧

2.5.8.1 试轧准备与试轧

当轧制准备工作完成后，开机运行，同时检查电器机械设备运行情况，如发现问题及时处理，待一切正常后方可试轧。

2.5.8.2 试小样

当轧机出现换槽、换辊和其他需要准确判断料型尺寸的情况时，其相应轧机要试小样。试小样前必须先用轧铁丝法检查辊缝。

A 单机单孔试小样

在单机架进口方向，用相应尺寸的红小样通过轧机，调整工用游标尺检查红样尺寸，根据轧制图表调整轧机及导卫至合乎要求。小样温度不得低于950℃。

B 成组试小样

在单机单孔完成试小样后，可进行成组试小样。分别启动中轧机组、精轧机组，在该机组第一架入口用相应尺寸的红小样采用人工喂钢，使小样通过该机组，用游标尺测量该机组轧出的红样尺寸。根据轧制图表调整各架轧机的压下分配，使料形达到规定要求，同时调整导卫装置。

C 全线过钢调整

待试小样完毕后，轧机全线启动，同时启动辅助设施运行。向出钢台要钢，进行单根轧制，调整工仔细观察轧件轧制情况，冷却水的冷却情况。用烧木印的检查方法检查轧槽的使用情况，导卫的使用情况，轧件的充满程度及轧件的表面质量，适当调整轧机和导卫。与主控台配合逐架适当调整轧机转速，保证其实现微张力轧制。当机架间出现张力异常情况时，必须及时进行调整。调整张力的主要方法是调整轧机转速。在保证料形高度符合工艺要求的前提下，通过调整轧机转速来消除。调整张力时应先从前一机架开始，逐架向后调整。

取样工在试轧时做到勤取样，每根坯料至少取样三次，将测量结果及时报告主控台，作为调整工调整轧机的依据。单根轧制顺利通过且确定成品尺寸合格后，向加热炉操作室发出正常轧钢信号，加热炉按正常轧制连续出钢。

2.5.9 轧制过程中的调整及操作要点

（1）按轧制图表匹配各架轧机转速、辊缝值，严格按轧制图表调整轧辊孔型。导卫装置及各道次压下量。严格按轧制图表控制料形尺寸。

（2）严格控制开轧温度，开轧温度为950～1030℃。严禁轧制黑头钢和局部黑印的钢坯。

（3）调整工根据取样工的取样结果及时判断、调整轧机轴向和压下，保证成品尺寸和质量合乎要求。

（4）生产中要经常观察轧件轧制状态和导卫装置工作状态，减少弯头。尽量避免发生倒铁。孔型磨损后及时压量，确保轧制稳定。

（5）正常轧钢时，应注意各架料形是否正确。料形应当形状完整，表面无缺陷，如出现耳子、明显压痕、脱方、挂丝和划伤等缺陷时，应及时调整轧机和导卫消除。发现轧件有缩孔、结疤等缺陷应立即检查导卫是否松动或留有残留铁皮。

（6）处理事故时，必须保护轧槽和导卫装置。

（7）故障处理完毕，要认真检查各工艺装置是否恢复原位，导槽内是否有异物，确认无误后，方可要钢。

（8）导卫调整及更换：

1）横梁必须安装水平稳固，表面光滑无异物，左右调整灵活；

2）调节轧机上横梁调整螺丝，使进、出口导卫对准在轧孔型；

3）导卫盒体在横梁上要安装稳固，不得松动，进口导辊、进口导板、出口鼻锥及导槽的中心线必须与轧辊孔型中心线对正；

4）进口滚动导卫要用样棒检查导辊的夹持力，保证松紧适中，导辊必须转动灵活；

5）出口鼻锥必须紧贴轧辊，紧固可靠，并水平对正在轧孔型；

6）进口导辊、进口导板必须符合要求，保证能扶正轧件，使之顺利导入。因磨损严重不能扶正轧件，使轧件不能顺利导入或因此影响轧制质量应及时更换进口导辊、进口导板，更换后调整对正在轧孔型并拧紧紧固螺丝；

7）导辊因转动不灵活或导辊磨损严重或龟裂粘连应及时更换，不得延长使用，更换后要用样棒重新检查夹持力；

8）横梁表面磕碰损坏或导卫横移丝杆游隙太大，使导卫产生横移或振动应及时更换横梁。

（9）切头取样：

1）正常轧制时，1号剪必须切头，切头长度在80mm左右，轧件从2号剪出来后进入精轧机组前必须由2号飞剪切头切尾，切头尾长度控制在200~400mm范围内，当轧件存在明显缺陷，以至影响轧制甚至成品质量时，切头尾长度可适当加长；

2）可以根据实际需要用2号飞剪取样，取样长为600~800mm，检查轧件穿过中轧机组的充满程度、尺寸范围及表面质量，及时调整中轧机组，保证精轧机组的顺利轧制；

3）取样工在正常轧制时，一般每10min取一次成品红样，试轧或事故处理后开机适当增加取样次数。取样长度300mm左右，取样工应能及时发现耳子、折叠、麻面、划伤、斜面、结疤、掉肉等常见缺陷。并能准确判断产生原因，及时通知主控台调整消除；

4）用卡尺等量具测量成品钢材尺寸，成品钢材尺寸控制和精度等级按有关标准规定执行，随时将测量结果报告主控台；

5）取样工随时与主控台联系，并听从其指挥；

6）取样工应熟记各种标准。

2.5.10　事故处理

2.5.10.1　轧件不进

当中、精轧机组出现不进，堆钢时迅速启动1号、2号飞剪碎断来料，待停机后用割枪烧断轧件，采取适当措施拉出废钢后，用卡尺测量轧件，观察轧件头部形状，检查导卫，找出事故原因，不进原因一般有黑头、劈头、耳子、尺寸超差、进口内有异物、进口松动等。找出事故原因后可以采取对前道次或前前道次压料，清除进口导卫内的异物或铁皮等相应措施。

2.5.10.2　冲导卫

在轧制过程中，有时会冲掉出口导管或导板，其原因有出口导卫安装不牢固，出口管前端与轧辊接触不充分，导出状态不良，轧件出现耳子或尺寸超差、劈头等，属于耳子或尺寸超差可以通过压下该道次和前一道次，保证料型尺寸，在重新安装导卫时注意其前端充分良好接触轧辊，拧紧紧固螺丝，调节横梁高低，保证导卫对正孔型。

2.5.10.3　缠辊

发生缠辊事故时，应按下该机组急停按钮，防止事故扩大，以免造成重大设备事故，急停后，松开导卫，提升轧辊，用割枪烧断轧件，取出轧件，处理事故时注意保护轧槽，如轧槽已损坏应及时换槽，重新调整轧机和导卫，待找到缠辊原因并处理完后，再重新开轧。

2.5.10.4　断辊

断辊是比较重大的轧制事故，当发生断辊时，首先使用急停按钮，然后取出轧件，换辊后根据新的辊径重新设定匹配机架转速，开机试轧，必须严格检查断辊原因，及时处理，原因不清不得开机试轧。人为因素造成断辊，必须严肃处理事故责任者。

2.5.10.5　堆钢

在正常轧制时，可能出现堆钢，一般是因为上游机架转速过快，未得到及时调整，使轧件扭转打结，造成轧件不进堆钢，可以适当降低上游机架转速，消除堆钢现象。也有可能因为翘皮、结疤原因使轧件不进形成堆钢，结疤的产生一般是因为上道次轧槽掉肉形成，应该及时换槽。

2.5.10.6　其他

（1）拉瘦是拉钢的延续，使成品钢材断面尺寸有规律的变小，应适当升高上游机架的转速，消除拉钢现象，轧钢工应及时注意堆拉情况，及时调整轧机转速。

（2）发现耳子、划伤、压痕等轧制缺陷时，应及时检查原因，加以消除，保证成品质量，防止发生事故。

（3）轧机零部件如螺栓螺母的松动、掉落应及时发现，及时报告，及时处理，防止更大事故发生。

2.5.11　主控台操作与控制

A　主控台的作用

主控台是主轧线上中心控制操作室，它担负着主轧线上工艺参数的设定及对生产、工艺、设备进行监控等职能，担负着对所控制区域设备的所有工艺参数的设定，在生产中处在组织、协调轧制生产地位。所以在连轧小型棒材生产中，主控台对轧制的正常顺利进行起着关键的作用。

B 主控台控制的区域设备

(1) 加热炉出口侧的出炉辊道。

(2) 粗轧机组及机组后的飞剪（一般称1号飞剪）。

(3) 中轧机组及机组后的飞剪（一般称2号飞剪）。

(4) 精轧机组。

(5) 活套设备。

(6) 热处理及空过辊道。

(7) 热倍尺飞剪（3号飞剪）及剪前夹送辊。

(8) 冷床入口的裙板辊道、转向器。

上述设备完成了钢坯由出钢、轧制到切成倍尺轧件，而后上冷床的所有工艺要求。

C 主控台盘面布置与操作功能

(1) 粗、中、精轧三个机组分别启/停按键。

(2) 1~8号活套按键。

(3) 1号、2号、3号飞剪分别启/停按键，用来启动/停止碎断轧件。

(4) 轧机调速键，用于对轧机进行在线级联速度调节（升速/降速）。

(5) 报警灯光显示及复位键。

(6) 程序设定修改使用CRT/键盘系统，它主要用来完成在线不经常干预的一些初始设定参数的修改及显示一些轧制生产所需的图形画面，主要有以下几项工作：

1) 轧制程序的设定；

2) 飞剪切头、切尾选择，长度及速度设定；

3) 活套控制高度设定，用来在不同轧件尺寸情况下实现最佳活套高度控制；

4) 热倍尺长度的设定；

5) 裙板接手动作周期及裙板辊道速度的设定；

6) 热倍尺上冷床制动距离设定；

7) 物料跟踪系统显示；

8) 轧制速度棒形图的显示，用来显示各种轧制速度与初始设定的偏差；

9) 轧制负荷棒形图的显示，用来显示各种轧制负荷，并可直观判断各机架间张力的大小；

10) 设备各功能的测试检查，来检查设备动作是否正常。

(7) 在上述具体功能之外，主控台及自动化系统对于整个轧线还将进行如下几方面的在线控制：

1) 设备故障及信号显示；

2) 物料跟踪及生产事故探测；

3) 事故分段及飞剪连续处理。

D 主控台的主要控制功能及工艺参数的设定

a 轧制程序的设定

轧制程序设定的内容包括轧辊直径、轧制规格、所选择的机架、各机架的轧制速度、飞剪的超前速度、切头切尾选择及切头（尾）长度，上述设定及选择通过CRT/键盘系统来完成。

b　设定轧辊的实际直径

轧制速度的设定也是主电机转数的设定。电机转速与轧制速度及轧辊工作辊径的关系为：

$$n_{电}=60Iv\times1000/\pi D$$

式中　$n_{电}$——电机转速，r/min；

v——轧件线速度，m/s；

D——轧辊工作直径，mm；

I——减速比。

计算机可按下式通过运算求出轧辊工作直径：

$$D=D_0-h_k$$

式中　D_0——轧辊辊环直径，mm；

h_k——轧辊辊环直径与轧辊工作辊径的差位，mm。

各架次h_k值的大小根据各品种规格采用孔型系统的不同而不同，确定的h_k值应事先储存在计算机孔型数据中，以便在计算$n_{电}$时使用。

c　机架选择、轧制速度设定及轧制程序编码

根据不同的品种规格，采用的孔型系统及变形延伸道次也不同，所以必须确定各品种规格轧制时所使用的机架和各机架的轧制速度。为了简单起见将机架选择、各机架的常规轧制速度用列表的方式事先存储在计算机轧制程序数据库内，并对不同品种的轧制程序编码，操作工只需输入一个品种编码，所用轧制程序就会直接显示在设定屏幕上，并根据此轧制线速度求得各架电机转数。

在上述所存储的轧制程序中，各架轧制速度的确定应根据连轧生产的速度制度来确定。

某架次的轧件线速度为：

$$v_n=K_nv_{n-1}$$

式中　v_n——第n架次的轧件线速度，m/s；

v_{n-1}——第$n-1$架次的轧件线速度，m/s；

K_n——第n架次轧件延伸系数。

E　速度设定过程中的注意事项

（1）试轧新品种时初始设定各机架间轧制速度的依据是轧制程序表。

（2）低的轧制速度有利于轧件咬入不易堆钢，张力容易判断，且在轧制时易稳定。但速度过低时，轧件在粗轧机组由于受轧槽冷却水冷却可使轧件温度降低过多，从而易在粗轧机后两架或中轧机前三架产生堆钢。同时过低的成品轧制速度可使第一架轧机的轧制线速度小于0.1m/s，而产生热裂破坏轧槽。通常情况下对于试轧的第一根钢，可使成品轧制速度低一些，正常后再逐步提升到正常的轧制速度。

F　1号、2号飞剪参数设定

1号飞剪选择切头，切头长度为80mm左右。切尾选择可根据情况区别对待。轧制速

度较低时，粗轧机温降大，轧件尾部易将中轧机出口导卫拉掉，此时可以选择切尾，以提高成材率。

2号飞剪切头切尾都选择，剪切长度为200～400mm，以保证轧制正常及产品质量。另外飞剪在剪切轧件头部时，剪切速度应超前于上游机架轧件速度。在剪切尾部时，轧件尾部已离开了上游机架，剪切速度应滞后于下游机架进口轧件速度。

根据现场经验，这里推荐采用如下的飞剪超前滞后速度系数设定值：1号飞剪切头5%～15%；2号飞剪切头5%～15%，切尾3%～10%。

G　3号飞剪前夹送辊的速度设定

3号飞剪前夹送辊的主要功能有：对于小规格品种实行全夹送，即在轧件头部到达3号飞剪处夹送辊闭合夹送轧件，以防止在成品机架与冷床入口处堆钢，尤其是在使用穿水冷却时水冷段内容易堆钢；其次是对于大规格产品在轧件尾部离开成品机架时夹送辊闭合，使轧件保持轧制速度，以免两个热倍尺在冷床入口处不易被拉开。通常情况下，超前速度系数在5%～15%之间。

H　3号飞剪及裙板辊道速度设定

(1) 3号飞剪剪切热倍尺在事故状态下碎断轧件的超前速度系数设定原理与1号、2号飞剪切头及碎断过程相同。

(2) 相对于成品轧机的冷床入口裙板辊道速度应考虑与轧制速度相比有一定的速度超前系数，以便使轧件在上冷床之前拉开一定的距离，使热倍尺能正常分开上冷床。目前从3号剪至冷床末端，裙板辊道分三段进行速度设置，一般超前速度系数首先选择为第一段超前5%，第二段超前10%，第三段超前12%。如果轧件被3号分段飞剪剪切后没有弯曲，就按此系数进行生产，如果上根尾部有弯曲，可以适当加大各段超前速度系数。但第一段最大值不得高于10%，否则辊道磨损大，同时轧件增速效果也不会太好，现在大多选择在5%～15%的范围内。另外在辊道速度设定时，操作工应注意考虑对由于辊子直径磨损变小所带来的实际线速度下降的补偿，产品品种及规格的不同也应对辊道超前速度系数做适当的调整。如轧制螺纹钢筋时，由于它有月牙，轧件与辊道摩擦效果好。所以超前速度系数可以略小些。而生产圆钢时则相反。另外对于大规格产品，由于轧制速度低、刚性好、所以超前速度系数也可略小些；而轧制小规格产品时则相反。

(3) 3号分段飞剪的超前速度系数应与辊道超前速度系数相匹配，保证轧件切开后轧件头尾不产生弯曲为准，一般速度过低头部易弯，速度过高尾部易弯。另外产品规格大的品种，轧件断面大，不易产生弯曲，同时速度低、剪切力大，飞剪实际速度比设定值有少量下降，所以大规格产品，3号分段飞剪的超前速度系数应选择大些；小规格产品应与上述情况相反。

(4) 热倍尺长度设定。热倍尺长度的设定应考虑冷定尺长度、冷床长度、切定尺前的切头长度及热轧线膨胀系数。热倍尺长度一般用下式表示：

$$L=(al+h)k$$

式中　L——热倍尺长度，m；

a——热倍尺长度与冷定尺长度的倍数；

l——成品冷定尺长度，m；

h——头尾切掉长度，m；

k——轧件线膨胀系数。

另外，热倍尺长度可根据钢坯料的长度、成品规格大小及倍尺优化工艺要求综合考虑选定。

任务2.6　精　　整

2.6.1　冷床冷飞剪区

2.6.1.1　冷却冷飞剪工艺设备介绍

（1）冷床冷飞剪区担负倍尺钢材的冷却、运输和剪切任务，在冷床区主要有以下设备：变频输送辊道、拨钢器、制动裙板、步进式齿条冷床、对齐辊道、成层输送装置、平移小车、冷床输出辊道、冷飞剪机、定尺辊道、定尺挡板等。

其工艺流程为：3号剪剪倍尺→变频输送辊道→制动板升降制动→冷床冷却→对齐辊道齐头→成层输送装置→冷床输出辊道→冷飞剪定尺剪切→辊道输出。冷床冷飞剪区的操作由P2操作台控制，可自动控制也可手动操作。

（2）冷床输入辊道为实现钢的正确制动以及前后倍尺钢头尾的分离，在生产中辊道速度可在大于终轧速度0～+15%的范围内变化。变频辊道各段速度由P1设定。

（3）制动裙板是将分段飞剪切成的倍尺棒材制动，并卸入冷床矫直板，使棒材停留在调定的冷床位置上，为棒材上冷床做好准备。制动裙板的操作有两种情况：一种是大规格低速轧制，制动裙板由高位降至低位，延时后再由低位升至高位，往复动作一周为一个周期；另一种是小规格高速轧制，制动裙板由高位降至低位，延时后再由低位升至中位，停在中位延时一段时间，使棒材在制动裙板上有充分的时间制动，然后继续上升至高位，完成一周后为一个动作周期。制动裙板的初始位置始终为高位。

（4）冷床位于冷床输入辊道与冷飞剪区成层设备之间，其作用是对轧后热状态的棒材进行空冷并校直齐头，冷却后输送到冷飞剪区进行定尺剪切。冷床本体由步进齿条梁和固定齿条梁组成。步进齿条梁带动棒材向前移动一步把棒材定位在下一个定齿条的齿上。制动板每次向冷床输送一根钢，冷床动齿条步进一次。

（5）在冷床后半部有一组对齐辊道，端部有一个固定的齐头挡板，用来使冷床上的棒材齐头。

（6）冷床卸料装置的功能是从冷床上接收钢材，按预定的支数和间距形成棒层，然后传送到冷床输出辊道上。主要设备有成层小车、成层链和输出平移小车。成层链与正在接钢位置的一组成层小车保持同步。在自动方式下，只有当冷床输出侧齿条上堆积的棒材根据其规格达到一定的数目时，卸料装置才能启动进行卸料。

（7）冷床输出辊道位于冷飞剪机之前。自动控制时卸料装置和输出辊道、输出辊道和冷飞剪机互为联锁。

（8）冷飞剪机形式为上刃下切式，其作用是将冷床输出辊道输送来的棒材进行切头切尾和按长度要求进行定尺剪切。ϕ25mm及以上规格采用孔型剪刃剪切，ϕ25mm以下采用平剪刃剪切。

2.6.1.2 冷床冷飞剪区主要设备的性能参数

（1）冷床技术性能参数见表2-17。

表2-17 冷床性能参数

冷 床 面 积	长×宽（11.5m×114m）
齿条间距/mm	200
齿槽距/mm	110
成品规格	棒材 ϕ12～50
齿条齿数	>3
冷床动作一周时间	3s/min
最高轧速/$m \cdot s^{-1}$	18

（2）冷飞剪机性能参数见表2-18。

表2-18 冷飞剪机性能参数

剪 机 形 式	曲 柄 式
剪切力/t	440
剪切温度/℃	室温～300
剪刃宽度/mm	800
剪切棒材规格/mm	棒材 ϕ14～50
切头长度/mm	最小为60
剪切公差/mm	0～30

（3）冷飞剪机最大同时剪切根数见表2-19。

表2-19 冷飞剪机最大同时剪切根数

产品规格	同时剪切根数	产品规格	同时剪切根数	产品规格	同时剪切根数
12	55	20	24	36	7
14	48	25	15	40	6
16	37	28	12	50	2
18	29	32	9		

2.6.1.3 冷床冷飞剪操作要求

（1）冷床冷飞剪区设备由P2操作台控制。操作工应熟练掌握操作台面上的每个按钮的功能；正确操作冷床输入辊道、卸料装置、步进机构、对齐辊道、输送链、平移小车和输出辊道。将钢材由冷床分批平直地移送到冷飞剪机处按定尺要求进行剪切。

（2）严格遵守有关操作规程，防止发生操作事故。同时要熟悉设备性能和结构，做好设备的日常维护和点检工作，确保设备正常运行。

（3）在生产过程中注意观察设备的运行情况，发现异常情况及时与P1操作台联系并找有关人员处理。

（4）严格执行按炉送钢制度，严防混号。换炉号时，冷床空34步，换钢号时冷床空6～7步，以便于区分。

2.6.1.4 冷床冷飞剪操作步骤

A 冷床冷飞剪区开车前的检查准备工作

（1）检查各机械设备是否处于正常状态，是否堆放或卡有杂物。

（2）检查液压管道、甘油管道、稀油管道是否连接好。

（3）检查各电气线路是否连接好、安放好，电气设施上是否沾有油污、水等。

（4）检查各安全设施是否完好。

（5）根据作业卡的要求在计算机上设置相应参数：品种、规格、冷床下料支数、定尺长度等。

B 试空车步骤

（1）以上检查准备工作完成后，对冷床区进行试空车检查。

（2）按P2控制面板上的“试灯”按钮检查各指示灯是否正常。

（3）将“冷床操作方式”旋钮转至“手动”。

（4）将“动齿条MovingRakescontinuous0-1”键打在“1”上，按下“循环启动”键，检查动齿条移动情况、循环周期等，正常后按下“循环停止”按钮。

（5）将对齐辊道“抬起装置”打到“开”，或按下“正向微调”旋钮，检查对齐辊道抬起装置的运转情况。

（6）将“输送链”旋钮打至“手动”，再按下“循环启动键”检查运输链空负荷运行情况。

（7）将“平移小车”旋钮打至“循环启动”，检查平移小车的运行情况。

（8）将“冷床输出辊道”旋钮打至“手动”，选择“正转”、“反转”，检查输出辊道的运行情况。

（9）将冷床区以上检查设备全部启动运转，检查其联动情况。如正常按“冷床区急停”按钮，检查能否急停。

（10）以上检查正常后，将“冷床操作方式”转至“自动”。在上述情况一切正常的情况下，通知P1总控制室表示同意送钢。

C 开轧送钢

a 自动方式

（1）在一切准备工作做好后并接到P1发出的开轧信号后，冷床冷飞剪区准备入钢冷却并剪切。

（2）由于冷床操作及冷飞剪操作已选择自动方式，并已由P1设定好冷床输入辊道的速度，经倍尺飞剪剪切后的棒材将一根接一根由输入辊道下卸到冷床齿条上，每下卸一根，动梁齿条运行一周，把钢向前移送一个齿距。当冷床上一批钢即将进入对齐辊道位置时，对齐辊道自动开启进行对齐，然后由冷床下卸到平移小车上，当下卸支数达到规定要求后，平移小车自动启动移料，然后平移小车自动启动，将这一排料运送到冷床输出辊道上。从冷床入料到进入输出辊道整个动作自动完成。冷床下卸支数参见打捆支数表。

（3）启动冷床输出辊道，将棒材送入前，冷床输出辊道自动启动同时定尺挡板自动升起，待定尺定位后冷床输出辊道自动停止，同时定尺挡板自动降下，然后定尺辊道启动进入冷飞剪机，冷飞剪机接到信号后自动压紧切头，切头后，剪机剪切，剪切后定尺材输送到台架前辊道，剪切继续进行。

b 手动方式

（1）在手动方式下，冷床输入辊道每下卸一支钢，应将“动齿条循环运行”按钮按下，待步进一周后自动停止。

（2）当冷床上一批钢材即将进入对齐辊道位置时，P2操作工将“对齐辊道正向微调”按钮打按下，启动对齐辊道齐头。

（3）钢材在冷床边移动边冷却，当移至冷床出口时即下卸到排料架上排成一层，当下卸支数达到设定支数时，启动平移小车“升起”按钮，待平移小车升起后再启动“正向微调”按钮，将这一排料送到冷床输出辊道上部，最后按下“落下”按钮，平移小车将这一批料送到输出辊道上，再将平移小车返回（若在半自动情况下，平移小车将自动返回）。

（4）按下定尺挡板“升起”按钮，挡板升起。

（5）根据倍尺钢材的长度将输出辊道旋钮转至“手动”，将“输出辊道”旋钮转至“正转”，钢材随辊道前进，在定尺挡板处钢材头部对齐后，停止输出辊道转动。

（6）按下定尺挡板“落下”按钮，挡板落下。

（7）将“RollBarOrdinator压辊”旋钮转至“ON”位置。

（8）“输出辊道”旋钮转至“正转”，钢材随辊道前进。

（9）按下“剪切”按钮进行定尺剪切。

（10）根据定尺长度及选用的检查台架将A或B组的“1号升降挡板”“2号升降挡板”中的一个或两个转至“升起”位置，将相应的台架前辊道转至“正转”位置，选择相应的台架托出。

（11）当定尺材中夹有非定尺或短尺材时，挑钢工应站在相应的台架前将其挑出放至辊道旁。待辊道有空隙时再将其放至辊道上由辊道输送至短尺收集台架。

D 正常冷却与剪切

（1）正常轧制时用自动方式将棒材顺利冷却和剪切。

（2）由于某些原因造成的“弯钢”，由冷飞剪工进行处理：能挽救的进行切割处理；不能挽救的弯钢割断或剪断放入废钢桶内。冷却后的棒材弯曲度不大于4mm/m，总弯曲度不大于总长度的0.4%。

（3）严格执行按炉送钢制度。换炉号时在接到P1换炉号的信号后，将“冷床操作方式”转至“手动”，将“冷床步进”按钮转至“启动”，使前后炉号之间空出3~4步，如换钢号则空6~7步，然后再将“冷床操作方式”转至“自动”，拉开前后两个炉号之间的距离，严防混号。如前后炉号之间的距离因故未拉开，则应及时在冷床上将前后炉号的尾部钩开，以便于区分，并在下冷床时应手动步进，防止混号。“弯钢”及“掉队钢”应及时使之归队，不能当班处理的应注明钢号、炉号、班次、日期。冷床输出辊道上或输送链上有上一个炉号的钢时，下一个炉号的钢不能进入。

（4）在冷床上对于尾部超出齐头挡板的钢应在进入对齐辊道之前割除超出部分。

（5）当冷床停止步进时应及时停止对齐辊道运转。

(6) 每次剪完头部或尾部应将“尾头拨料气缸”旋钮转至“拨料”位置进行拨料，待拨料完毕再转至“返回”位置。出现短尾时将“短尾拨料气缸”旋钮转至“拨料”位置，待拨料完毕再转至“返回”位置。

(7) 剪机剪切棒材时，棒材在剪切口内应摊平，不得有交叉，压辊应压紧，防止出现剪切废品，保证断口斜度不大于棒材高度的1/2。

(8) 冷剪切片的重合度和侧间隙按有关设备规程定，对于规格较小的棒材间隙取小值，对于大断面高强度棒材间隙取大值。当间隙较大但刀片磨损不严重时，可采用加垫片的方式减小间隙。

(9) 冷飞剪剪刃磨损严重，切后棒材断面毛刺超过6mm时，应更换剪刃。剪刃更换可利用快速换刀片装置，刀片固定要牢靠。

(10) 应经常检查定尺长度及定尺机的位置，定尺长度的公差范围为0～+50mm。

(11) 冷飞剪的切头切尾未自动掉入溜槽内的应由冷飞剪工及时扫入溜槽内。

(12) 严禁超负荷剪切。

(13) 挑钢工在挑钢时动作要快速准确，防止棒材在横移或在辊道上前进时碰伤手脚或将人带倒。非定尺或短尺未及时挑出时应立即通知P2操作工，停止移钢，待非定尺或短尺挑出后再移。

(14) 换炉号时台架前的辊道上有上一个炉号的钢时，冷飞剪机不得剪下一个炉号的钢，待辊道上前一个炉号的钢移至检查台架后再剪，在检查台架上前后炉号之间的距离应在3m以上。

2.6.2 打捆区

2.6.2.1 工艺流程

棒材经冷飞剪机定尺剪切后经台架前辊道移送至检查台架，经检查台架检查后进行定支收集打捆、称重、挂牌、入库。其工艺流程为：冷检检查→定支收集→振动拍齐→自动打捆→称重→挂牌→吊运入库。

2.6.2.2 主要设备及性能参数

A 托料装置

其功能是将剪切的定尺棒材从台架前辊道上平托到输送链上。可由4CS操作，正常时自动控制。

B 检查台架及短尺收集台架

定尺检查台架两组、短尺收集台架一组。每个检查台架有三组输送链，每组输送链可由P2或4CS单独控制，其中1号台架由4CT1控制，2号、3号台架由4CT2控制。

C 点支器

点支器位于检查台架末端，由一个棒材分离丝杆、计数轮和一个计数光电管组成。其作用为对收集的棒材支数进行计数，便于进行定支包装。点支器与以太网连接进行定支收集。当棒材规格不同时，应相应更换分离丝杆和计数轮。

D 成型设备

成型设备位于检查台架下游，每个检查台架下游一套。其设备组成为缓冲装置、振动装置、平托装置和成型装置。其功能是将输送链输送的棒材在此处进行振动、拍齐后平托到成捆辊道上进行成型。其缓冲装置是在棒材平托时托住输送链输送的棒材。

E 自动打捆机

经收集拍齐后一捆钢材由成品输送辊道输送到打捆辊道，自动打捆机接到信号后自动打捆，打捆道次在定尺长度设定后自动执行。

F 称重装置

经打捆后的一捆棒材由成品台架作升降平移运动运送到成品运输链再到成品收集链，称重装置即位于成品台架和成品运输链的接口处。其作用是对每捆棒材进行称重计量。

G 成品跨吊车

成品跨吊车为电磁挂梁吊车，共3台，起重量（10+10)t，厂房跨度33m，跨度30m，级别A6。

H 4CS操作台

棒材经检查台架→点支→收集拍齐→自动打捆→成品收集，这一系列的动作由4CS控制完成。4CS有两个操作台面，即4CT1、4CT2。两者的主要区别在于检查台架及台架前辊道的控制上，1号检查台架及台架前辊道主要由4CT1控制，2号检查台架、台架前辊道及短尺收集主要由4CT2控制。

2.6.2.3 操作步骤

A 启车前的检查准备工作

(1) 检查各机械设备是否处于正常状态，是否堆放或卡有杂物。

(2) 检查液压管道、甘油管道、稀油管道是否连接好。

(3) 检查各电气线路是否连接好、安放好，电气设施上是否沾有油污、水等。

(4) 检查自动打捆是否安装在相应位置，打捆铁丝是否装好。

(5) 检查各安全设施是否完好。

(6) 根据作业卡的要求在计算机上设置相应参数：品种、规格、定尺长度、每捆长度、打捆道次等。每捆支数及打捆道次见表2-20。

表2-20 打捆支数及冷飞剪根数

规格	9m定尺			12m定尺		
	打捆支数	理重/kg	冷剪根次	打捆支数	理重/kg	冷剪根次
10	400	2221.2	100根×4次	300	2221.2	100根×3次
12	300	2397.6	75根×4次	255	2397.6	75根×3次
14	200	2178	50根×4次	165	2395.8	55根×3次
16	160	2275.2	40根×4次	120	2275.2	40根×3次
18	120	2160	30根×4次	90	2160	30根×3次
20	100	2223	25根×4次	75	2223	25根×3次

续表 2-20

规 格	9m 定尺			12m 定尺		
	打捆支数	理重/kg	冷剪根次	打捆支数	理重/kg	冷剪根次
22	80	2145.6	20 根 ×4 次	60	2145.6	20 根 ×3 次
25	64	2217.6	16 根 ×4 次	45	2079	15 根 ×3 次
28	56	2434.32	14 根 ×4 次	36	2086.56	12 根 ×3 次
32	40	2271.6	10 根 ×4 次	30	2271.6	10 根 ×3 次
36	32	2293.24	8 根 ×4 次	24	2298.24	8 根 ×3 次
40	24	2131.92	6 根 ×4 次	18	2131.92	6 根 ×3 次

B　试空车步骤

（1）按 4CT1、4CT2 控制面板上的“试灯”按钮检查各指示灯是否正常。

（2）将 4CT1、4CT2 控制面板上“1 号收集方式”、“2 号收集方式”旋钮均转至“手动”位置。

（3）分别转动控制面板上的各旋钮，检查相应设备的运转情况，检查后各旋钮应复位或置于“停止”位置。

（4）开启部分辊道及运输链，然后按“收集急停”按钮，检查急停情况。

（5）以上检查正常后，将“1 号收集方式”、“2 号收集方式”旋钮均转至“自动”位置，并与 P1 联系，表示同意收集。

C　开始收集

a　自动方式

（1）将收集方式置于“自动”位置。

（2）根据所轧品种、规格、定尺长度等决定选用 1 号检查台架或 2 号检查台架。非定尺由短尺台架收集。

（3）根据定尺长度将“料长设定”旋钮转至相应位置。

（4）由于已选用自动收集方式，当棒材进入台架前辊道后，台架托出装置将自动将棒材托送到检查台架上，检查台架上的运输链自动启动，当棒材进入点支器位置，点支器自动计数，同时已计数的支数下落到成型设备里，当收集支数达到规定支数时，检查台架运输链自动停止，这一捆棒材落入成品运输辊道，成品辊道运转至打捆辊道，打辊机根据已输入的料长、打捆道次进行自动打捆，打捆完毕，由打捆辊道、出口辊道自动上升、横移、下降，钢材落到称量装置上，称量装置自动计量记录，称量完毕成品运输链自动启动运输，到达收集台架时，成品收集链自动启动将棒材运送到成品收集台架，等收集到位后收集链自动停止，至此一捆棒材打捆收集完毕。正常生产时以上动作将重复连续进行。

b　手动方式

（1）选定检查台架。

（2）将收集方式均置于“手动”位置。

（3）将相应台架的升降挡板升起。

（4）当剪机即将剪钢时，将台架前辊道正转，1 号链启动。

（5）当第一剪钢撞到升降挡板上，将“台架托出”转至“托出”位置。待托出至1号链后，再置于“返回”位置。

（6）随着棒材在台架上的移动，启动台架上的2号、3号链。

（7）启动点支器，由于是手动操作，4CS操作工应注意点支支数，控制运输链。

（8）当一捆棒材按规定支数收集完后，启动拍齐装置进行拍齐。

（9）拍齐后正转成品输送辊道和打捆辊道，将棒材运送到打捆位置。

（10）启动自动打捆机打捆。10m定尺打捆9道，两头第一道距端部距离约2mm。

（11）打捆完毕，正转打捆辊道和出口辊道，将棒材运送到成品台架。

（12）将成品台架旋钮置于上升位置，启动成品运输链，将棒材运送到称重衡上。

（13）过磅房称重并作记录。

（14）启动成品收集链收集成品。

（15）重复以上步骤，连续生产。

（16）当使用2号台架应加启过渡辊道将棒材输送到打辊道。

2.6.2.4　成品检查

A　标准摘录

a　GB 1499—1998《钢筋混凝土用热轧带肋钢筋》

（1）钢筋表面不得有裂纹、结疤和折叠。

（2）钢筋表面允许有凸块，但不得超过横筋高度，钢筋表面上其他缺陷的深度和高度不得大于所在部位尺寸的允许偏差。

（3）钢筋按定尺交货时的长度允许偏差不得大于+50mm。

（4）直条钢筋的弯曲度应不影响正常使用，总弯曲度不大于钢筋总长度的0.4%。

（5）钢筋端部应剪切正直，局部变形应不影响使用。

b　GB/T 3077—1999《合金结构钢》

（1）压力加工用钢材的表面不得有裂纹、结疤、折叠和夹杂。如有上述缺陷必须清除，清除深度从钢材实际尺寸算起应符合直径小于80mm者为钢材尺寸公差的1/2的规定，清除宽度不小于深度的5倍，同一截面达到最大清除深度不得多于一处。允许有从实际尺寸算起不超过尺寸公差之半的个别细小划痕、压痕、麻点和深度不超过0.2mm的小裂纹存在。

（2）直径小于100mm的切削加工用钢材的表面允许有从钢材公称尺寸算起不超过钢材尺寸负偏差深度的局部缺陷。

c　GB 702—1986《热轧圆钢和方钢尺寸、外形、质量及允许偏差》

（1）直径小于或等于40mm的圆钢不圆度不得大于公差的0.5倍。

（2）定尺长度和倍尺长度在合同中注明，其长度允许偏差值+60mm。

d　GB/T 699—1999《优质碳素结构钢》

（1）压力加工用钢材的表面不得有肉眼可见的裂纹、结疤、折叠和夹杂。如有上述缺陷必须清除，清除宽度不得小于清除深度的5倍，清除深度对于直径小于80mm者为该尺寸公差之半。

（2）棒材表面上允许有在公差1/2内的个别划痕、压痕、麻点以及深度不超过0.2mm

的小裂纹存在。

（3）表面冷切削加工用钢（第2类）的棒钢表面上，允许有局部缺陷存在，直径小于100mm的钢材其缺陷深度不得大于该尺寸的负偏差。

（4）顶锻用钢应进行顶锻试验（合同中应注明热或冷顶锻）。热顶锻后的试样为原试样高度的1/3，冷顶锻后的试样为原试样高度的1/2，顶锻后试样上不得有裂口和裂缝。

e GB/T 14292—1993《碳素结构钢和低合金结构钢热轧条钢技术条件》

（1）条钢的表面不得有裂缝、折叠、结疤和夹杂。

（2）条钢表面允许有局部发纹、拉裂、凹坑、麻点和刮痕，但不得使条钢超出允许偏差。

（3）条钢表面缺陷允许清除。清除处应圆滑无棱角，但不得进行横向清除。清除宽度不得小于清除深度5倍，清除深度从实际尺寸算起不得超过该尺寸条钢的允许负偏差。

（4）条钢上的任何缺陷不得进行焊补和填补。

B 产品外形尺寸检查

（1）熟悉各种测量工具的使用。如游标卡尺、千分尺、红样卡板、冷样卡板。

（2）定期校验测量工具，确保测量工具准确。

（3）在线测量时动作要快、准，防止碰伤、烫伤。

（4）正常生产时，每隔10min取一次红样进行检查，红样长度300mm左右，切分轧制时，每个成品槽出的成品均应取样。

C 产品表面质量检查

（1）热轧后所有钢材都要认真检查其表面质量，不得漏检。

（2）根据卡片要求查对钢种、炉号、规格无误后，才能进行表面检查。检查时在有缺陷的支数上用油漆或粉笔作出明显标志，并通知挑钢工将有标志的支数挑出。

（3）经表面清理后的钢材还要进行复检。

D 缺陷清理

（1）将有缺陷但通过清理可挽救的钢材运送到清理现场。

（2）检查清理工具。用砂轮清理时，砂轮片必须装配密合，螺丝拧紧，启动运转正常后方可开始研磨。

（3）用砂轮清理时，砂轮要不停地移动，不得停留在一处，防止金属因局部过热产生裂纹。

（4）研磨时要不断观察缺陷清除情况，砂轮片研磨方向和裂纹的夹角应不小于30°，禁止磨痕与裂纹平行，使裂纹缺陷不易观察。

（5）清理处应圆滑无棱角，清理宽度和深度之比应符合有关技术条件。

2.6.2.5 挂牌

（1）挂牌依据：GB 2101—1989《型钢验收、包装、标志及质量证明书的一般规定》。

（2）定尺材在两头包扎带上各挂一块标牌，非定尺在齐头端包扎带上挂两块牌。

（3）根据钢种及等级的不同，选用相应的标牌或标签。标牌或标签由公司统一制作。

（4）按实重交货时，应由司秤员在过磅后在标牌或标签上加印质量。

2.6.2.6　成品入库

(1) 应根据有关技术要求和合同规定，按产品质量检查情况，合理地将产品进行分类分级。

(2) 检查标牌或标签是否按规定置放及置放是否牢固稳当。

(3) 由电磁吊将已检验及挂好或贴好标牌、标签的棒材吊往堆放地点。

(4) 吊车工应按规定的吨位吊运，考虑到磁盘宽度，一次吊运不能超过四捆。

(5) 成品材在成品库按规定的区域按“一”字形堆放在成品架里。堆放应整齐平直，层次分明，不得交叉。同一成品架同一定尺的棒材，其捆与捆之间的头部差距在垂直面不得超过100mm。

(6) 为了安全，堆放高度不得超过成品架高度。

(7) 同一炉号的棒材应堆放在同一成品架内或相邻成品架内，不同钢号的成品严禁堆放在同一成品架内。

(8) 堆放场地应干燥、干净，不准有积水、泥污、油污、雨淋等不良情况。

(9) 做好入库记录。

情境3　棒材生产仿真操作

任务3.1　加热炉界面和操作介绍

在棒材生产仿真实训系统中，分别存在着与实际生产相一致的加热虚拟界面，包括进钢炉门、入炉悬臂辊道、定位推钢机和出钢炉门等虚拟界面如图3-1所示。

进钢炉门

入炉悬臂辊道

启动定位推钢机

出钢炉门

图3-1　虚拟界面

虚拟设备操作按键见表3-1。

表3-1　虚拟设备操作按键

按　键	功　能
小键盘0	切换装钢出钢摄像机视角
F3	切换到加热炉一侧

任务3.2　控制界面认知

3.2.1　控制界面介绍

（1）气化冷却：锅筒、分配联箱、循环泵、分气缸等。

（2）钢坯运行：该界面包括坯料验收、生产计划单查询，上料、装钢和出钢。其中步进梁操作方式包括全自动、手动、零位、正循环、逆循环和踏步操作。除此之外，还有装料挡板、进料炉门、定位推钢机和出料炉门等设备的操作。

（3）主画面：换向温度、均热段周期、加热 1 段周期、加热 2 段周期、时间间隔、均剩余时间、加 2 剩余时间、加 1 剩余时间、煤气总管压力、空气总管压力等数据变化的显示。

（4）报警：报警日期、时间、报警描述及详细信息查询。

（5）趋势图：均热段温度、加热 2 段温度、加热 1 段温度、燃烧系统压力、燃烧系统设置、液位、气化系统压力、含氧量等趋势图。

（6）水冷系统：进水、回水、水封槽水位、炉底积水坑水位。

（7）登录：首先，用学号登录系统。如果配置了加热炉工位权限，这时在“实训练习项目”→“项目”菜单中可以看到“加热炉控制”选项。点击选项就可以启动程序，主界面启动的同时也会启动“方坯加热炉钢坯温度场系统”界面。

3.2.2　登录系统

运行程序后直接进入主画面，如图 3-2 所示，可以看到温度压力等数据。如果数据连接失败会提示“数据库连接失败，请检查网络”；如果模型数据库连接失败会提示“模型

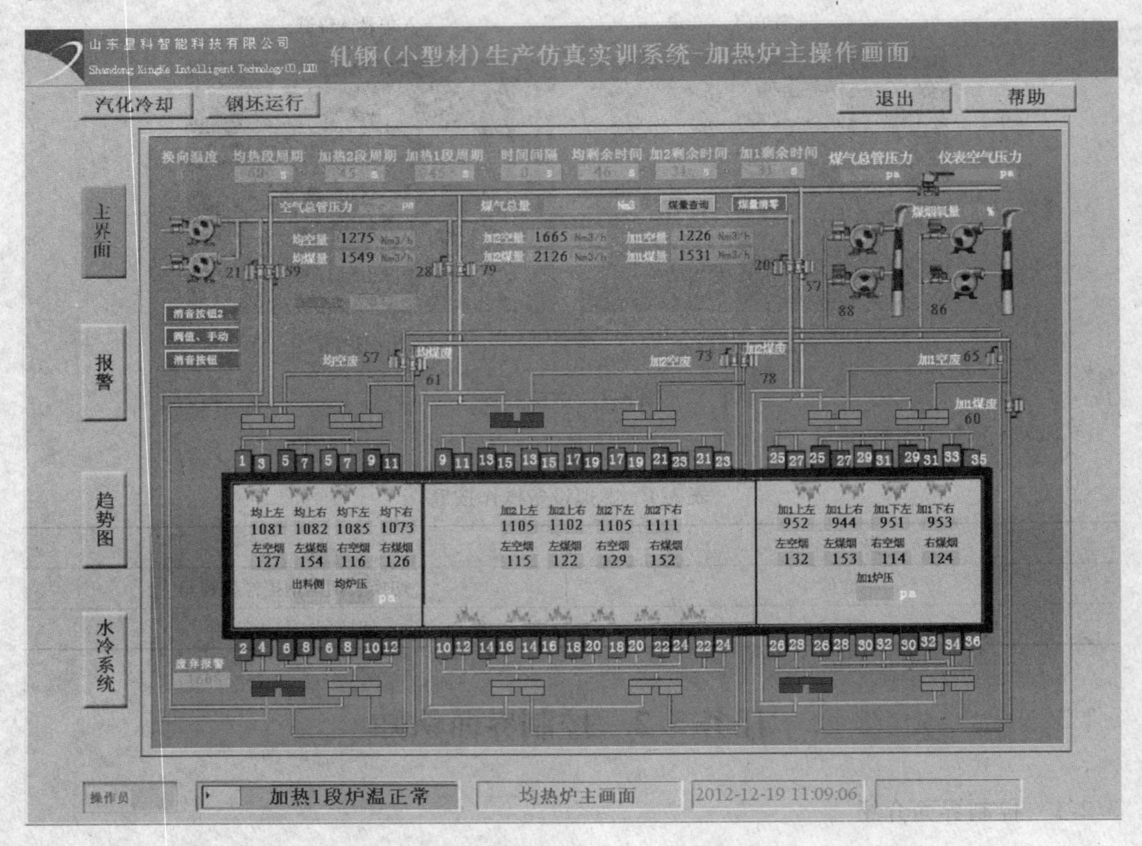

图 3-2　主画面

数据库连接失败，请检查网络”；如果虚拟界面连接失败会自动退出程序，点击退出按钮也会退出程序；如果虚拟界面连接成功，加密狗连接成功就可以进入系统。

说明：加热炉有效尺寸为 21.9m（长）×11.1m（宽），炉型为侧进侧出蓄热步进梁式加热炉。

3.2.3　汽化冷却操作界面

汽化冷却操作界面如图 3-3 所示。

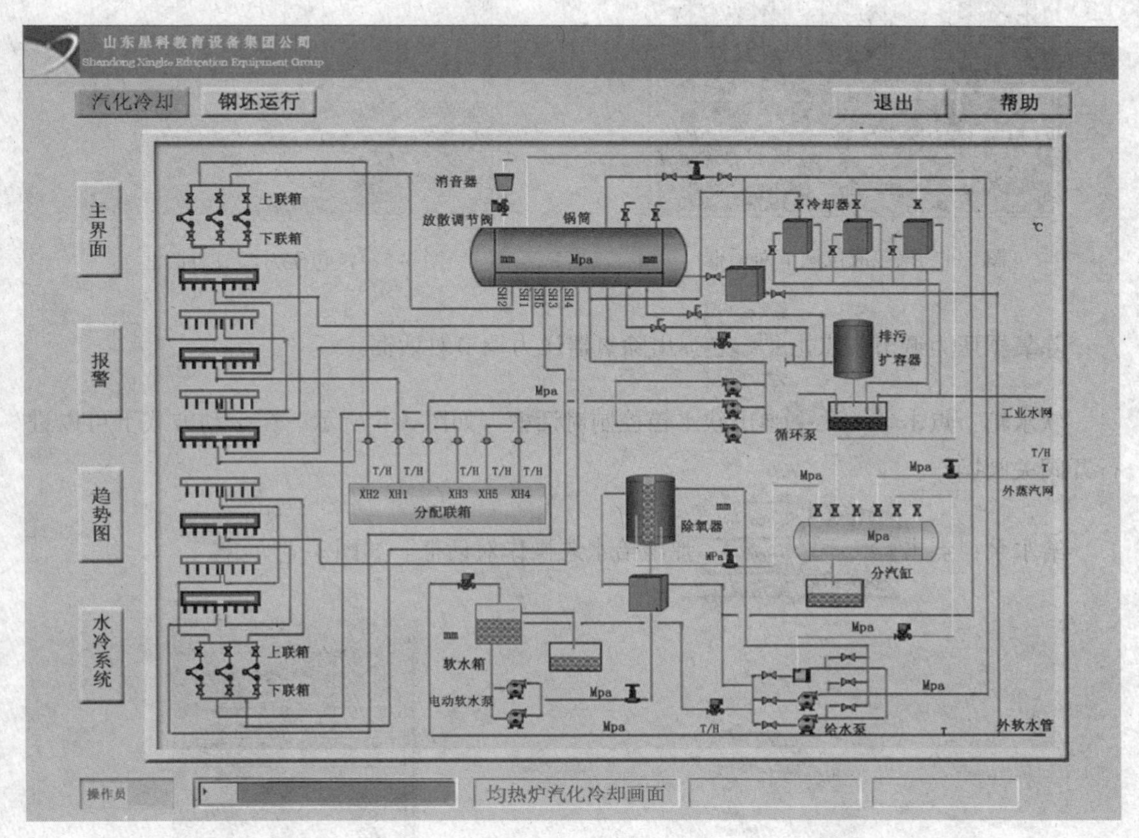

图 3-3　汽化冷却操作画面

点击“汽化冷却”按钮，即可进入汽化冷却界面。

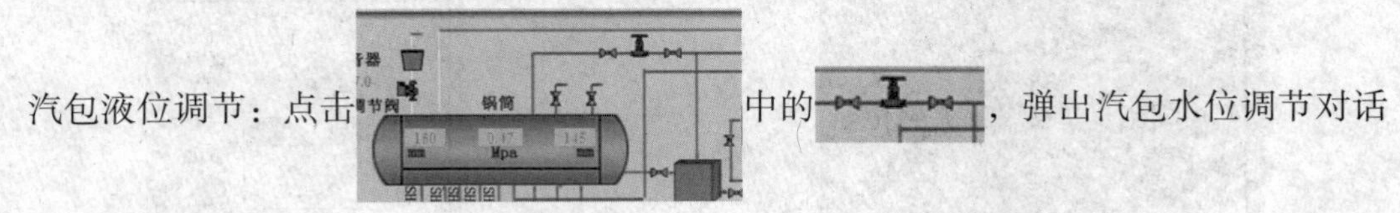

汽包液位调节：点击中的，弹出汽包水位调节对话框，如图 3-4 所示。

汽包压力调节：点击，弹出汽包压力调节对话框。如图 3-5 所示。

汽包放散调节阀：点击弹出汽包放散调节阀对话框。在汽包放散调节阀对话框中，向上调整按钮为，向上微调按钮为，向下调整按钮为，向下微调按钮为。

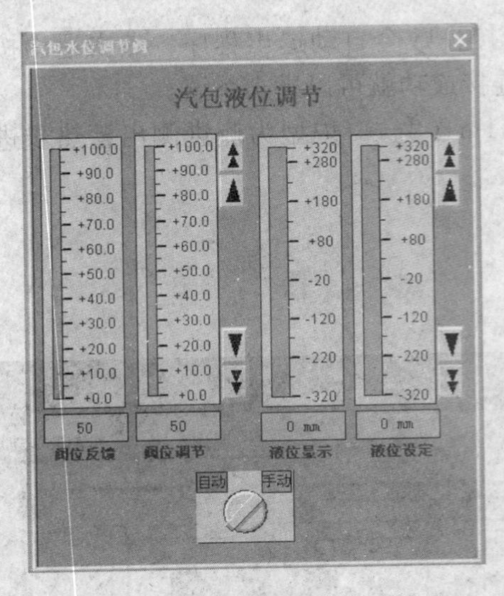

图 3-4　汽包液位调节对话框

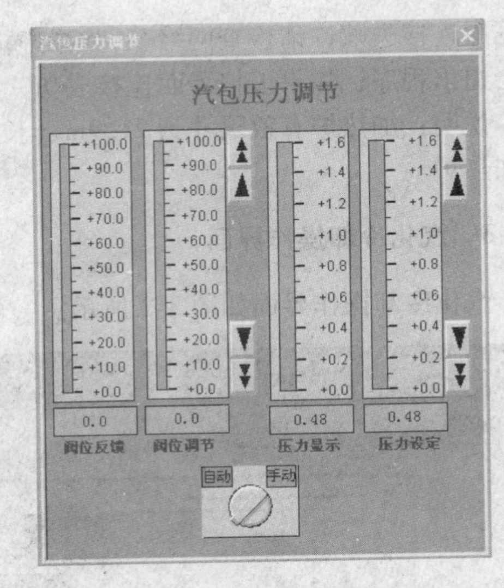

图 3-5　汽包压力调节对话框

除氧器压力调节：点击弹出除氧器压力调节对话框。

软水箱：点击弹出软水箱控制对话框，如图 3-6 所示。在手动方式下可以进行开阀关阀操作。

给水泵：点击弹出给水泵操作对话框。如图 3-7 所示。

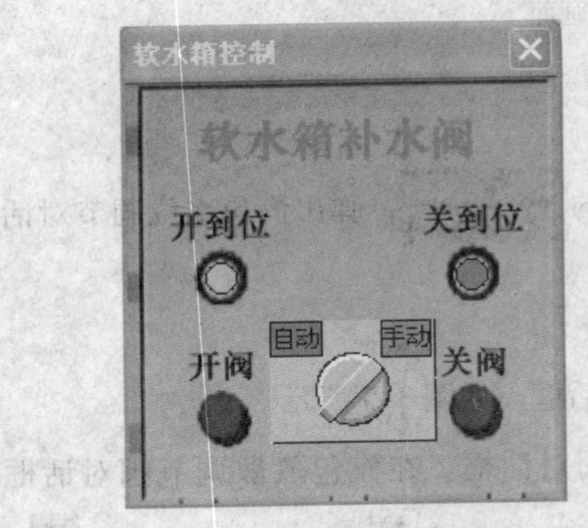

图 3-6　软水箱控制对话框

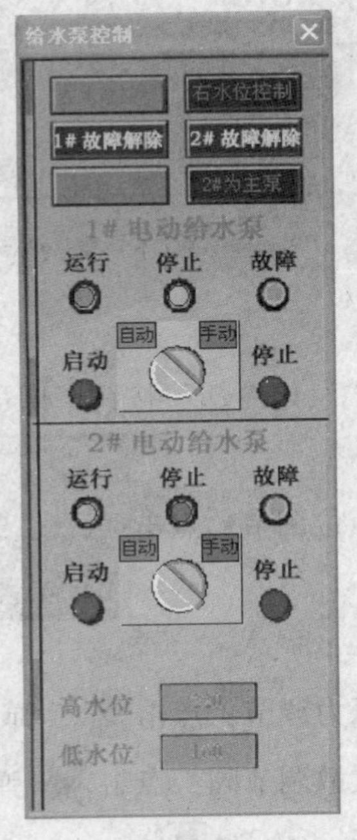

图 3-7　给水泵操作对话框

3.2.4　钢坯运行

点击“钢坯运行”按钮，即可进入钢坯运行界面，如图 3-8 所示。

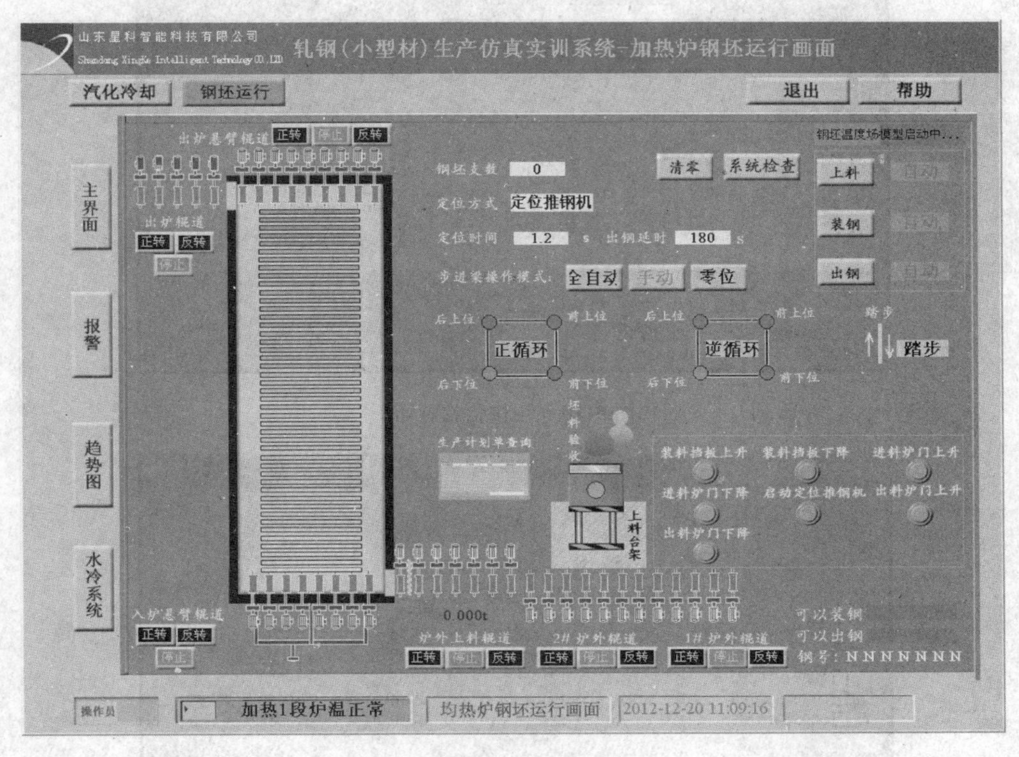

图 3-8　钢坯运行画面

任务 3.3　加热炉操作

3.3.1　基本操作

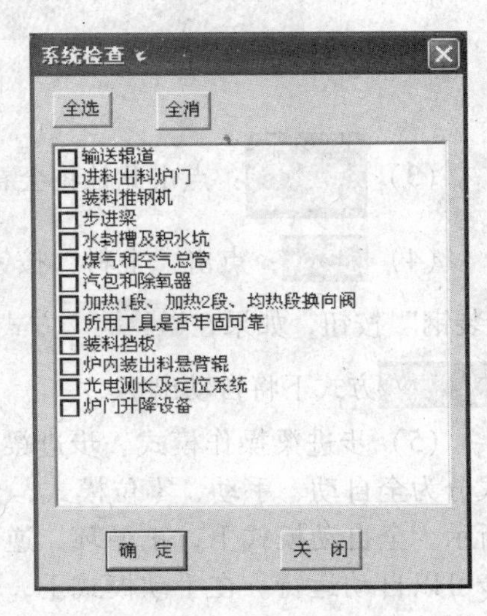

图 3-9　系统检查画面

（1）**系统检查**：点击该按钮，弹出系统检查对话框，如图 3-9 所示，点击复选框，选择检查项，或点击“全选”、“全消”按钮选择、取消检查项，点击“确定”按钮执行检查，点击“关闭”按钮，关闭系统检查对话框。

（2）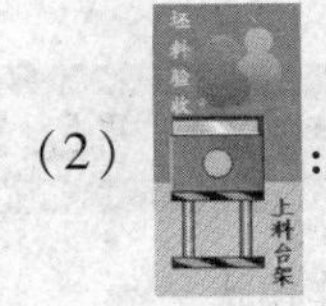

：点击该处弹出坯料验收对话框，如图 3-10 所示；点击计划号选择组合框可以看到计划号，及其此计划号对应的计划，如图 3-11 所示。

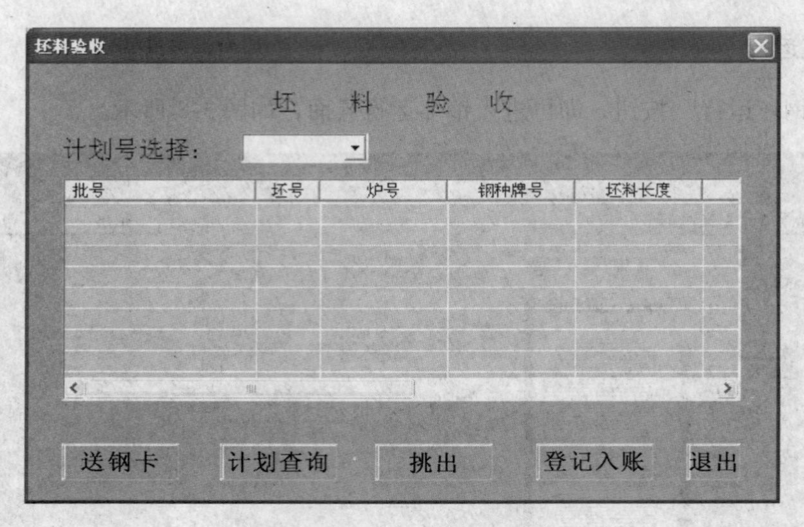

图 3-10　坯料验收画面

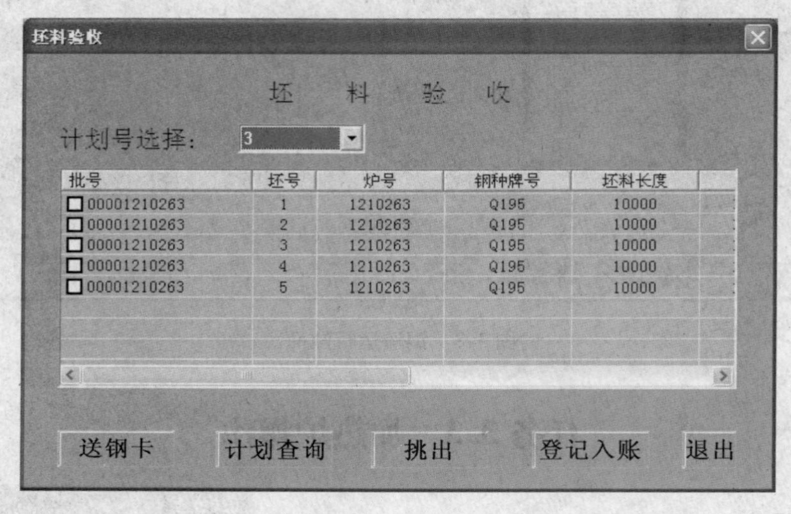

图 3-11　计划浏览画面

（3）生产计划单查询：点击此处将会看到所选的生产计划单。

（4）上料：点击“上料”按钮，如果在自动方式下将自动上料。装钢：点击“装钢”按钮，如果在自动方式下将自动装钢。出钢：点击“出钢”按钮，如果在自动方式下将自动出钢。

（5）步进梁操作模式。步进梁的操作模式分为全自动、手动、零位模式，如图 3-12 所示。全自动模式下，正循环、逆循环及踏步可以自动运行。在手动模式下，需要手动点击相应的箭头可完成正循环、逆循环。踏步只能在全自动模式下执行。

图 3-12　步进梁操作模式

（6）正循环，如图 3-13 所示。自动方式下可以自动完成正向循环过程，手动方式下需要点击各个方位上的箭头才能完成正向循环。

（7）逆循环，如图 3-14 所示。自动方式下可以自动完成逆向循环过程，手动方式下需要点击各个方位上的箭头才能完成逆向循环。

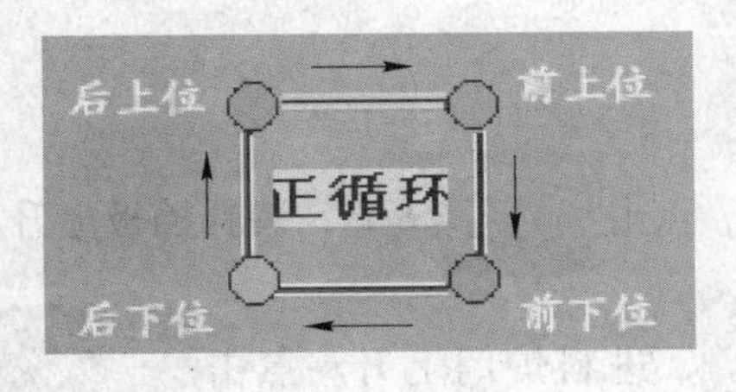

图 3-13　正循环

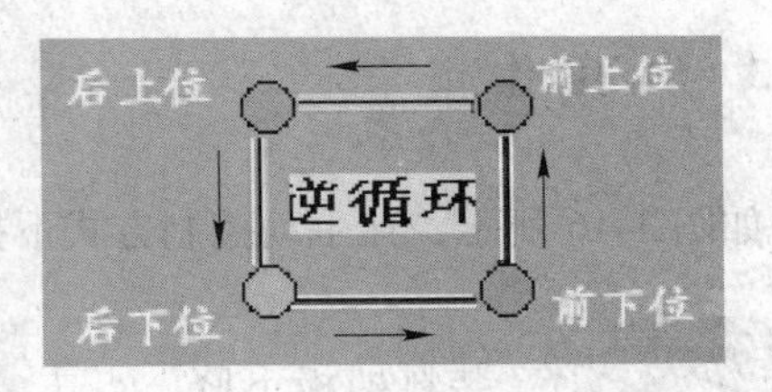

图 3-14　逆循环

（8）踏步，如图 3-15 所示。

（9）设备状态操作，如图 3-16 所示。在手动模式下，装料挡板、进料炉门、出料炉门可以上升或者下降，定位推钢机可以手动启动或者停止。

图 3-15　踏步

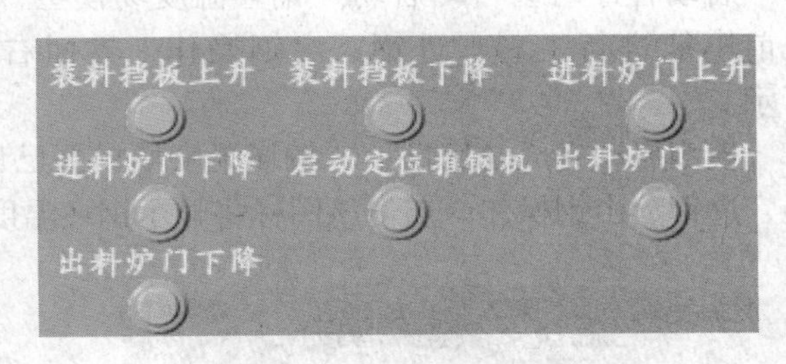

图 3-16　设备状态操作

（10）钢坯参数显示，如图 3-17 所示。

（11）辊道操作。入炉悬臂辊道、炉外上料辊道、出炉辊道、2 号炉外辊道、1 号炉外辊道等辊道操作，包括正转、反转、停止三种操作。入炉悬臂辊道如图 3-18 所示。

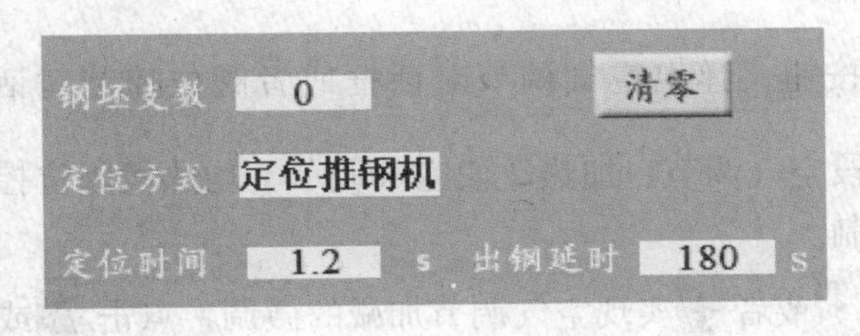

图 3-17　钢坯参数显示

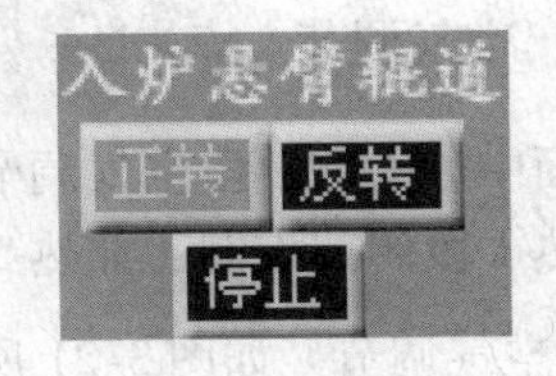

图 3-18　入炉悬臂辊道

3.3.2　操作模式

（1）手动。点相应的“手动”按钮，则相应的上料、装钢、出钢、步进梁可手动操作。

由后上位到前上位点击 →，由前上位到前下位点击 ↓，由前下位到后下位点击 ←，由后下位到后上位点击 ↑。点击完成后红色箭头变为绿色为运行状态。

在手动模式下，装料挡板、进出料炉门、启动定位推钢机等可手动操作。点击相应的圆形按钮即可。

(2)、自动。点相应的“自动”按钮，则相应的上料、装钢、出钢、步进梁可自动模式。相应的正循环、逆循环、踏步操作进入自动模式操作。

3.3.3 炉门操作

如图3-16所示，在手动控制方式下按钮可点击。点击  装料挡板上升 ，装料挡板上升。点击  装料挡板下降 ，装料挡板下降。点击  进料炉门上升 ，进料炉门上升。点击  进料炉门下降 ，进料炉门下降。

3.3.4 温度场模型

启动程序时会自动启动“钢坯温度场模型”，在“钢坯温度场模型”没有完全启动之前不能进行上料、进钢、出钢操作，界面右上方显示模型的启动进度，如图3-19所示。

模型启动完成之后显示“钢坯温度场模型已启动”如图3-20所示，此时可以进行上料、进钢、出钢操作。点击该图标将显示钢坯温度场模型程序。

钢坯温度场模型启动中...

图3-19 钢坯温度场模型启动进度条

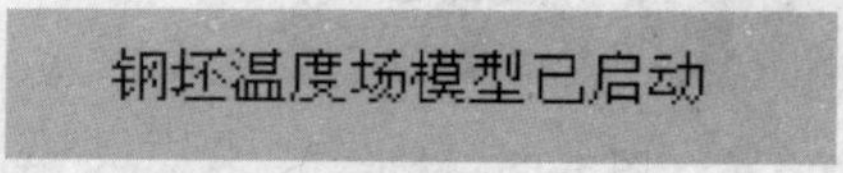

钢坯温度场模型已启动

图3-20 钢坯温度场模型启动完成标识

3.3.5 主画面操作画面

点击“主画面”按钮，即可进入主画面操作画面，如图3-2所示。

(1) 空气调节。点击  中左侧的按钮，弹出空气调节对话框或者阀位控制对话框。界面中分为均热段空气调节、加热1段空气调节、加热2段空气调节、均热段阀位控制、加热1段阀位控制、加热2段阀位控制。

1) 空气调节。如图3-21所示，点击  或者  实现空气调节加减的微调，点击  或者  实现空气加减调节，点击 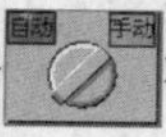 自动 手动 在自动和手动方式下切换。

2) 阀位控制。如图3-22所示，阀位控制分为阀位反馈和阀位调节，点击  或者  实现阀位加减微调节，点击 或者  实现阀位调节。

(2) 煤气调节。点击类似 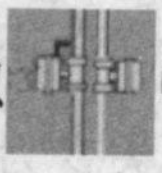 中左侧的按钮，弹出煤气调节对话框或者阀位控制对

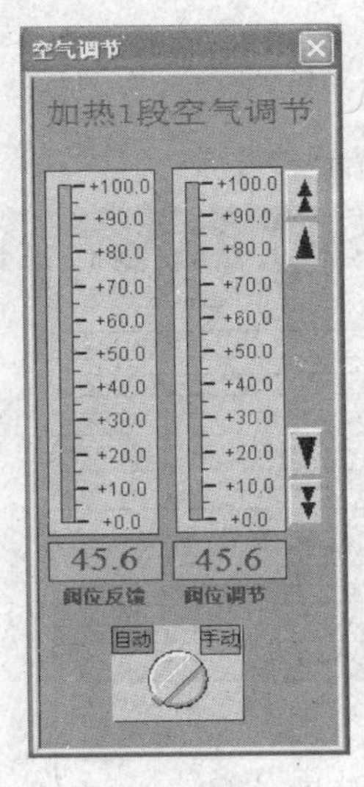

图 3-21　空气调节对话框

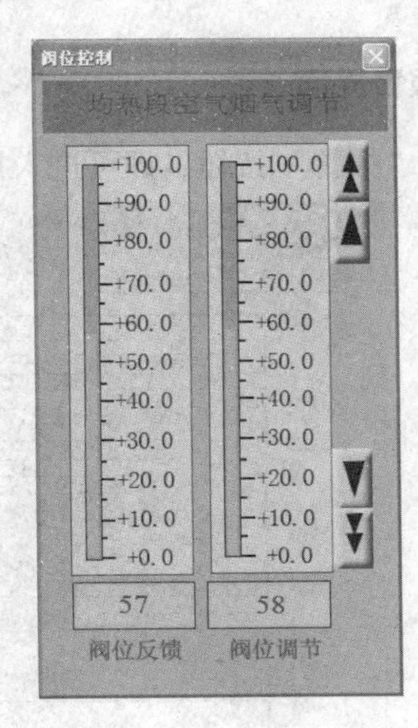

图 3-22　阀位控制对话框

话框。界面中分为均热段煤气调节、加热 1 段煤气调节、加热 2 段煤气调节、均热段阀位控制、加热 1 段阀位控制、加热 2 段阀位控制。

如图 3-23 所示，点击或者实现加减的微调，点击或者实现加减调节，点击在自动和手动方式下切换。

（3）空气控制。点击弹出空气控制对话框，如图 3-24 所示。

（4）煤气控制 。点击弹出煤气控制对话框，如图 3-25 所示。

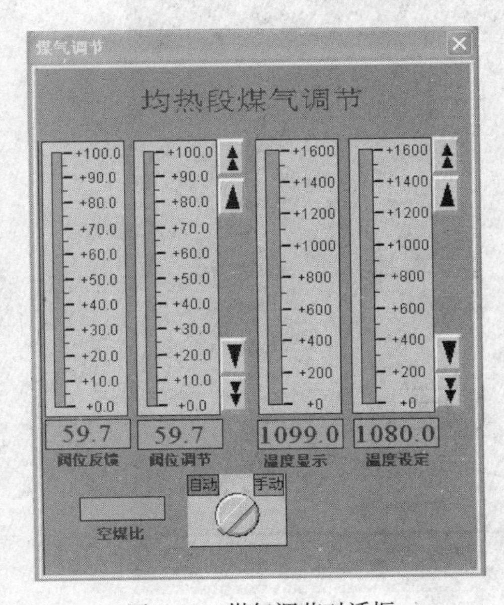

图 3-23　煤气调节对话框

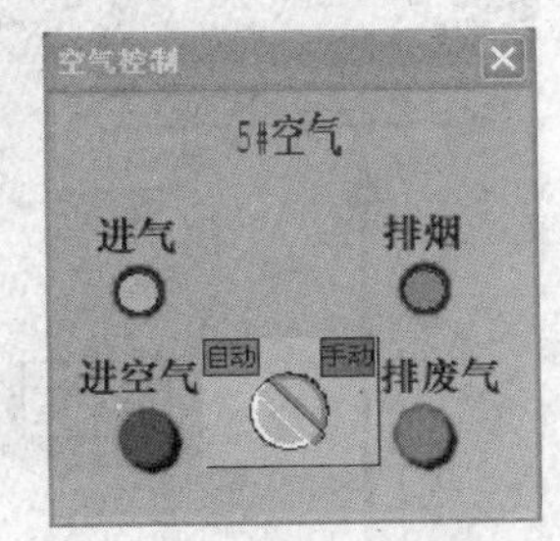

图 3-24　空气控制对话框

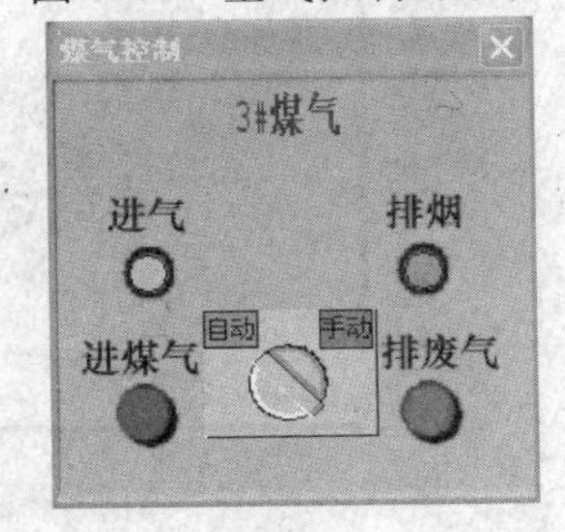

图 3-25　煤气控制对话框

3.3.6　报警界面

点击“报警”按钮，即可进入报警画面，如图 3-26 所示。

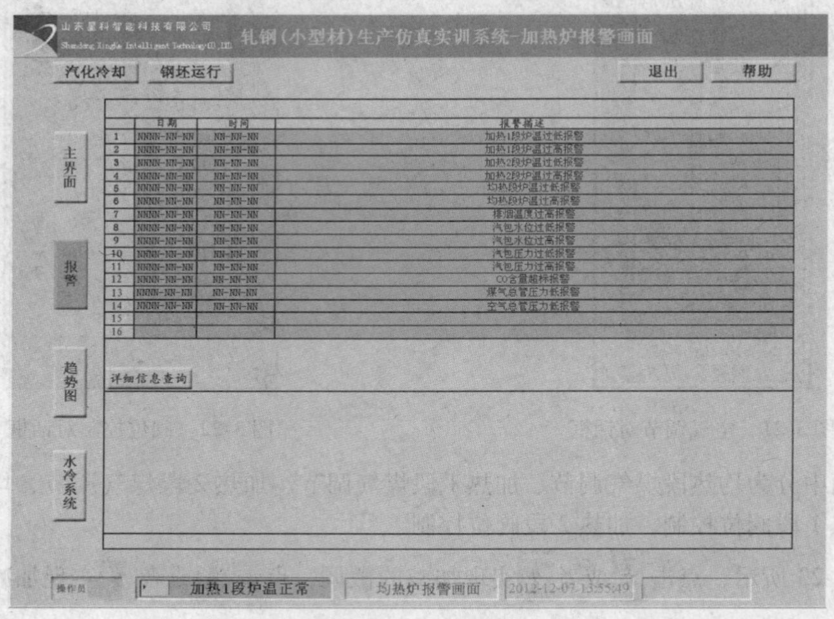

图 3-26　报警界面

3.3.7　趋势图界面

点击“趋势图”按钮，即可进入趋势图画面，如图 3-27 所示。

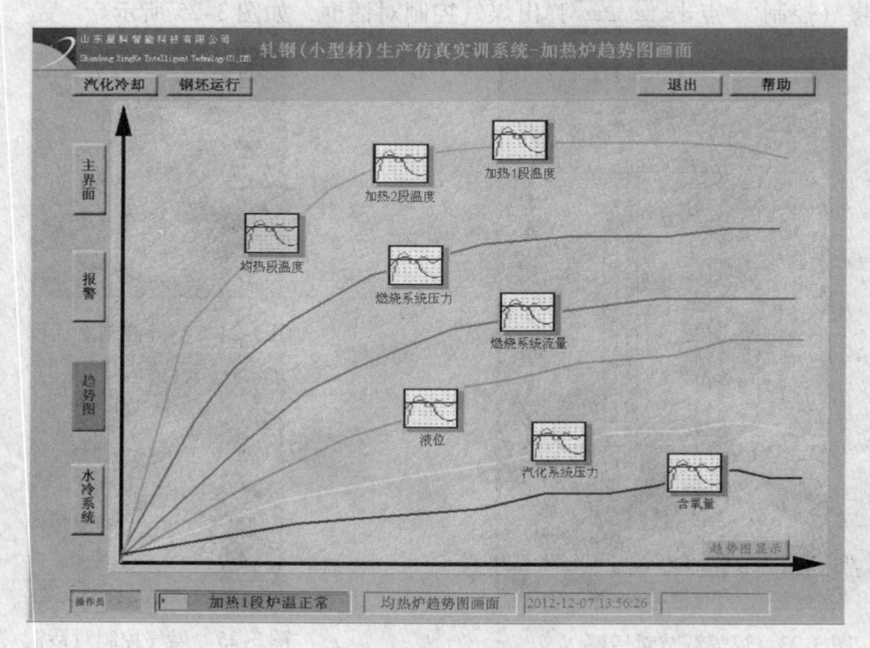

图 3-27　趋势图画面

选中界面中的某个趋势图，点击 趋势图显示 将显示具体趋势图。比如选中汽化系统压力，点击“趋势图显示”按钮，将显示汽化系统压力趋势图，如图 3-28 所示。

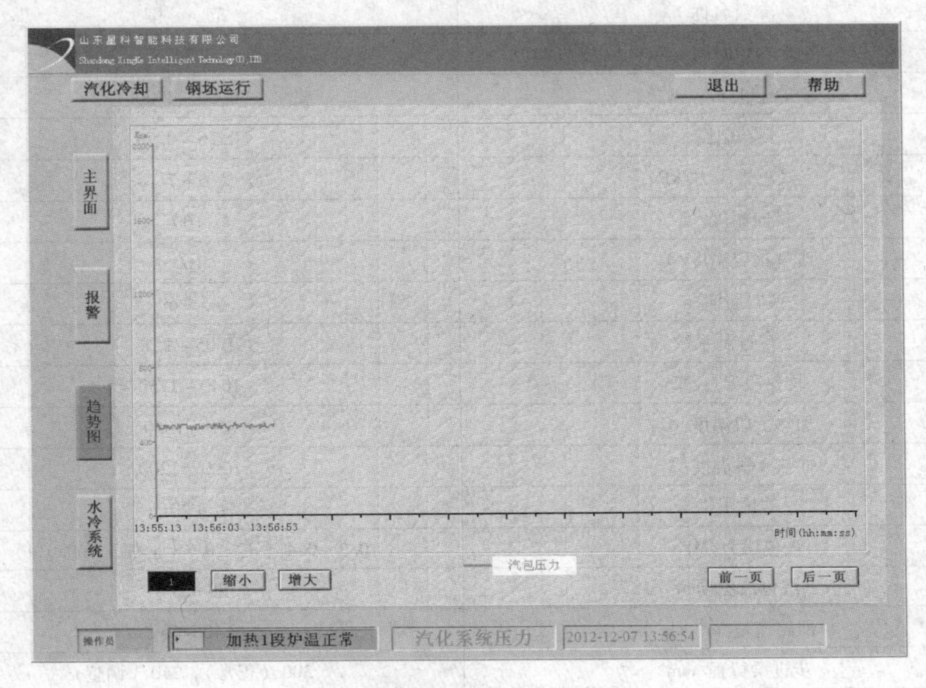

图 3-28　汽化系统压力趋势图

点击“水冷系统”按钮，即可进入水冷系统画面，如图 3-29 所示。

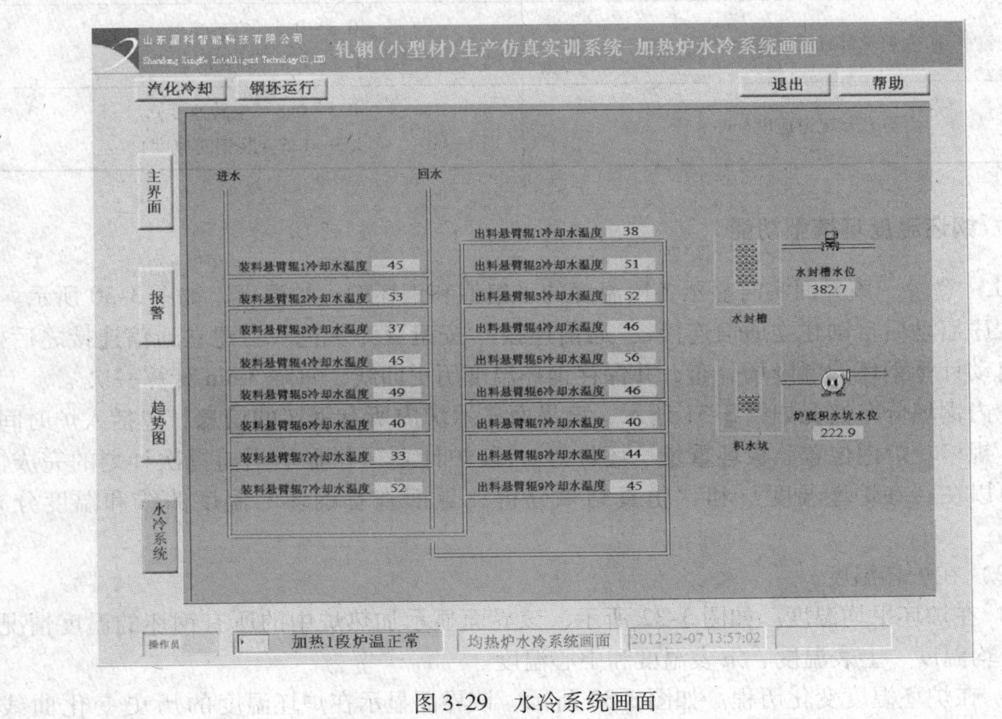

图 3-29　水冷系统画面

系统关键参数说明见表 3-2。

表 3-2　系统关键参数

参数名称	范　围
钢坯在炉时间/min	约 36.5
煤气流量/$m^3 \cdot h^{-1}$	30000 ~ 40000
空煤比	0.76 ~ 0.79
空气总管压力/kPa	6 ~ 7
换向温度/℃	160
废气报警温度/℃	160
换向周期/s	45 ~ 60
空气过剩系数	1.05 ~ 1.1
均热段温度/℃	1040 ~ 1150
加热 1 段温度/℃	850 ~ 1050
加热 2 段温度/℃	1000 ~ 1200
炉压	≤ +20Pa
汽包压力/MPa	0.3 ~ 0.4（正常 0.35 左右，最高 0.4）
汽包液位/mm	80 ~ 200
单回路流量/$m^3 \cdot h^{-1}$	40 ~ 60
步进梁行程/mm	300（正常），240（调整）
步进梁垂直行程/mm	100
步进梁周期/s	28 ~ 30
入炉悬臂辊道速度/$m \cdot s^{-1}$	0.3 ~ 0.5（空转速度）， 1.3 ~ 1.5（装钢时速度）
出炉悬臂辊道速度/$m \cdot s^{-1}$	0.3 ~ 0.5（空转速度）， 1.3 ~ 1.5（装钢时速度）

3.3.8　钢坯温度场模型功能

（1）登录。该界面实时显示各段温度的采集值和钢坯的入炉温度，如图 3-30 所示。

程序启动后自动建立通信连接，“通信连接”按钮变为灰色。当建立通信连接之后模型会自动计算钢坯的温度场分布，并保存钢坯温度历史曲线，每隔 3min 计算一次 。

炉内钢坯分布情况如图 3-31 所示，该界面显示炉内所有钢坯的信息，包括入炉时间、钢种、规格、炉内位置、板坯重量、坯号等。“装炉计划”栏显示当前批次计划的完成情况。可以在“在炉坯温度”和“仿真结果分析”界面查看钢坯的温度曲线和温度分布情况。

（2）在炉坯温度。

1）在炉坯平均温度。如图 3-32 所示，该界面显示加热炉中的所有钢坯的温度情况，包括平均温度、上表温度、下表温度和中心温度。

2）在炉坯温度变化历程。如图 3-33 所示，该界面显示在炉坯温度的历史变化曲线，

序号	采样时间	预热段	加热段	均热段温度	入炉温度
22	12/07/2012 下午 01:5	948.65	1109.13	1082.45	25
23	12/07/2012 下午 01:5	948.58	1109.08	1082.59	25
24	12/07/2012 下午 01:5	946.87	1108.55	1082.26	25
25	12/07/2012 下午 01:5	946.87	1108.55	1082.26	25
26	12/07/2012 下午 01:5	945.17	1108.01	1081.93	25
27	12/07/2012 下午 02:0	943.89	1107.6	1081.71	25
28	12/07/2012 下午 02:0	943.84	1107.56	1081.86	25
29	12/07/2012 下午 02:0	943.84	1107.56	1081.86	25
30	12/07/2012 下午 02:0	943.79	1107.52	1082	25
31	12/07/2012 下午 02:0	943.75	1107.48	1082.14	25
32	12/07/2012 下午 02:0	943.7	1107.44	1082.28	25
33	12/07/2012 下午 02:0	943.7	1107.44	1082.28	25
34	12/07/2012 下午 02:0	943.66	1107.4	1082.41	25
35	12/07/2012 下午 02:0	943.61	1107.35	1082.55	25
36	12/07/2012 下午 02:0	943.56	1107.31	1082.69	25
37	12/07/2012 下午 02:0	943.56	1107.31	1082.69	25
38	12/07/2012 下午 02:0	943.52	1107.27	1082.82	25
39	12/07/2012 下午 02:0	943.47	1107.23	1082.95	25
40	12/07/2012 下午 02:0	943.42	1107.19	1083.08	25
41	12/07/2012 下午 02:0	943.42	1107.19	1083.08	25
42	12/07/2012 下午 02:0	943.38	1107.15	1083.22	25

图 3-30　生成过程参数采集界面

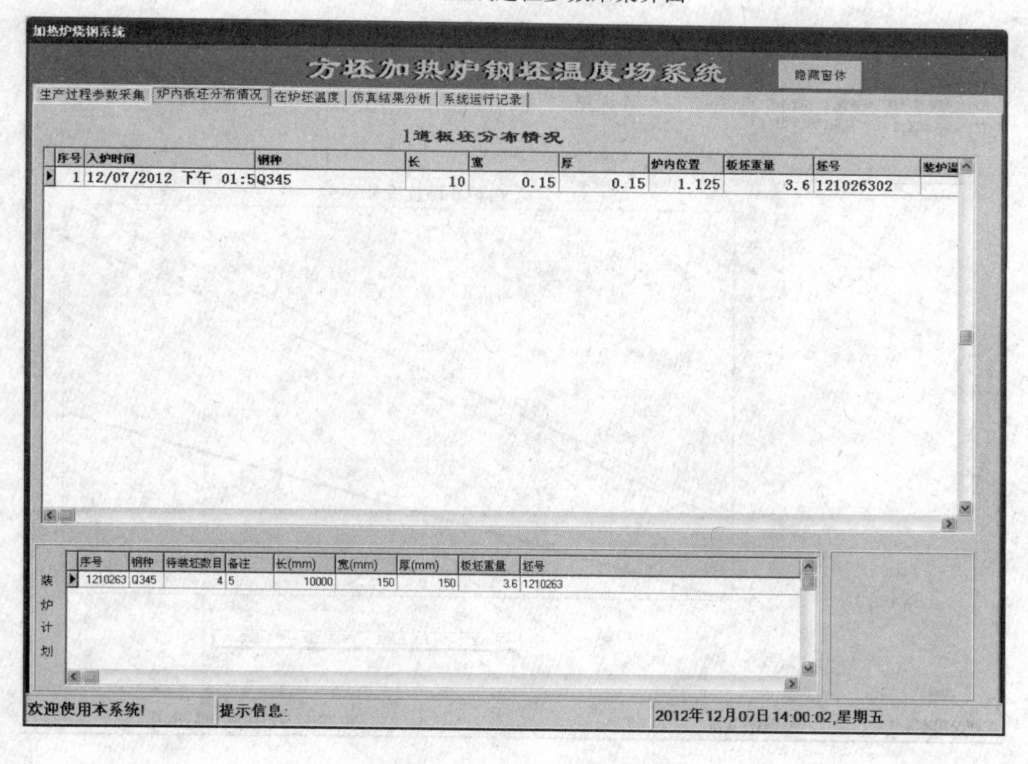

序号	入炉时间	钢种	长	宽	厚	炉内位置	板坯重量	坯号	装炉温
1	12/07/2012 下午 01:5	Q345	10	0.15	0.15	1.125	3.6	121026302	

序号	钢种	待装坯数目	备注	长(mm)	宽(mm)	厚(mm)	板坯重量	坯号
1210263	Q345	4	5	10000	150	150	3.6	1210263

图 3-31　炉内钢坯分布情况

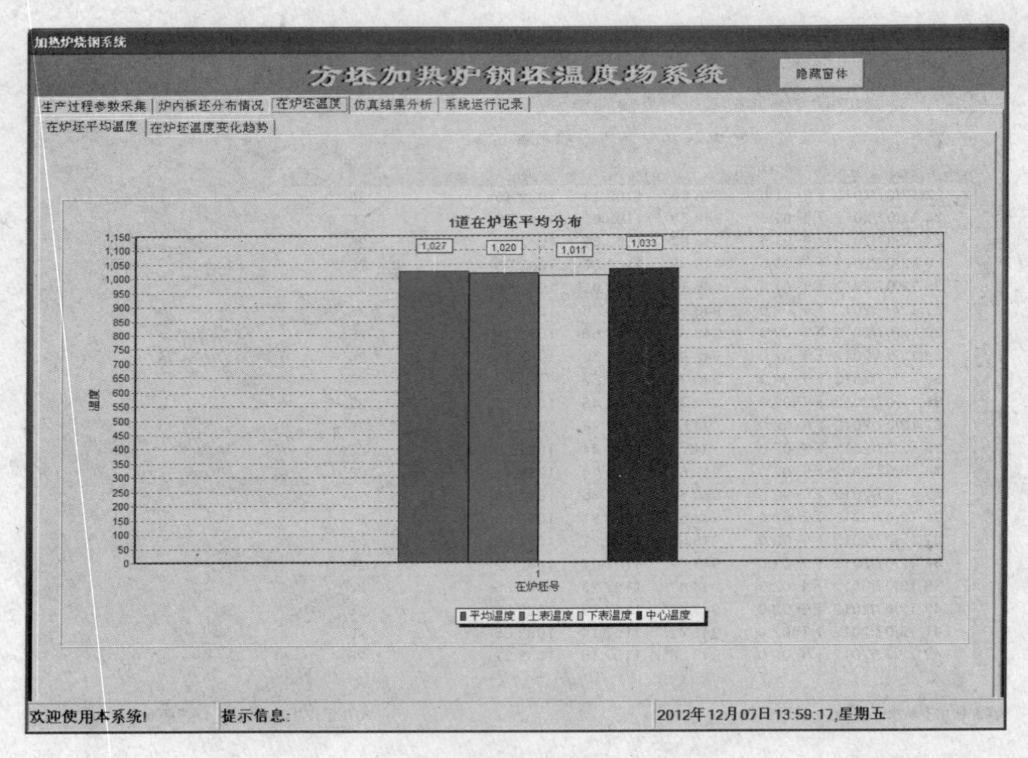

图 3-32　在炉内钢坯温度显示界面

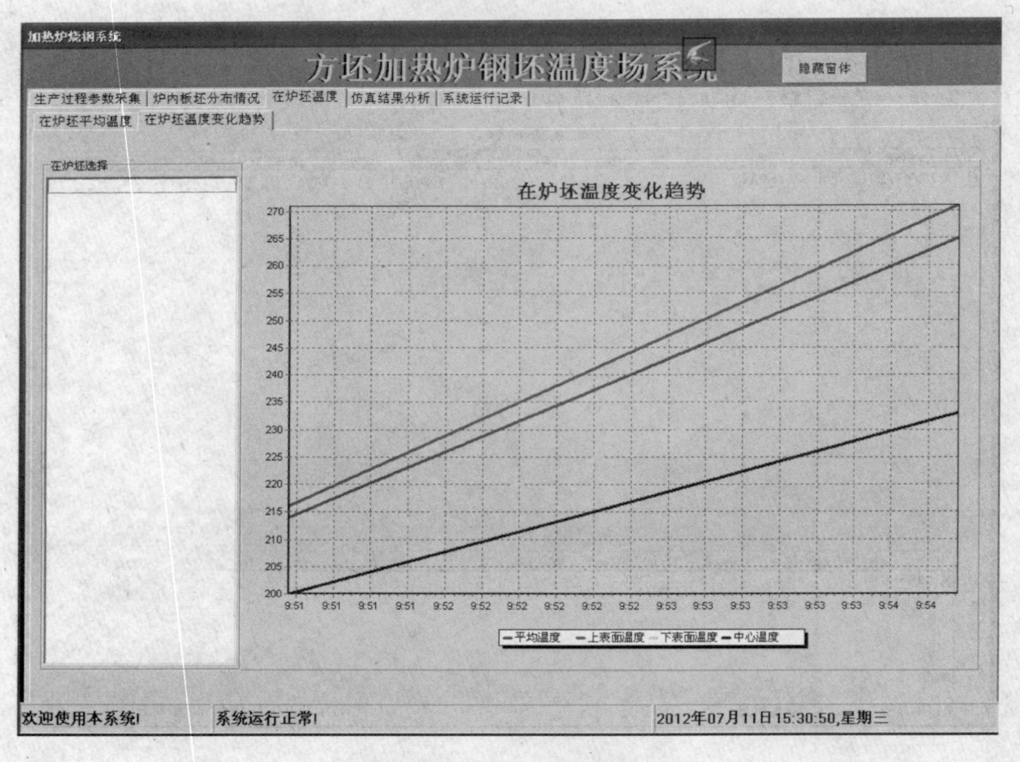

图 3-33　钢坯在炉内温度曲线变化界面

包括平均温度曲线、上表温度曲线、下表温度曲线和中心温度曲线，还可以将图片保存。选择与钢坯号对应的 . txt 文件可以查看该钢坯的温度变化曲线。

（3）仿真结果分析。如图 3-34 所示，该界面可以查看在炉钢坯温度场分布，查看方法如下：

1）等一轮计算完成之后，通过在“选择坯号”菜单中选择坯号；

2）然后选择“切割面方向选择”；

3）最后选择截面位置，当选定完截面位置之后就会显示该截面的温度场分布图，并在下方显示各部分的温度分布值。

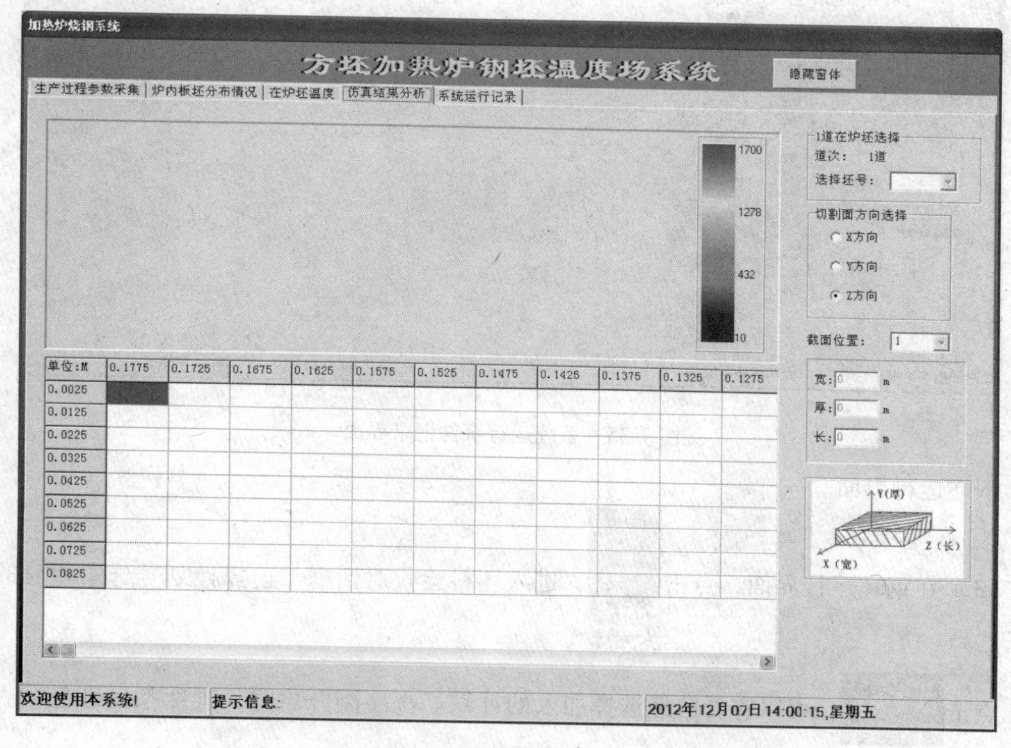

图 3-34　仿真结果分析界面

（4）系统运行事件记录。该界面记录模型运行期间发生的事件和故障，如图 3-35 所示。

（5）其他功能。

1）“隐藏窗体”按钮：点击该按钮可以隐藏温度场模型程序，以显示后面的控制界面主程序。

2）状态栏信息显示：状态栏中间部分显示系统的当前工作状态和异常，状态栏右侧显示系统的当前时间。

3.3.9　操作流程说明

（1）首先打开虚拟界面，然后登录控制界面系统。

（2）输入学号和密码，身份验证通过后，进入小型材加热炉主画面，点击钢坯运行，

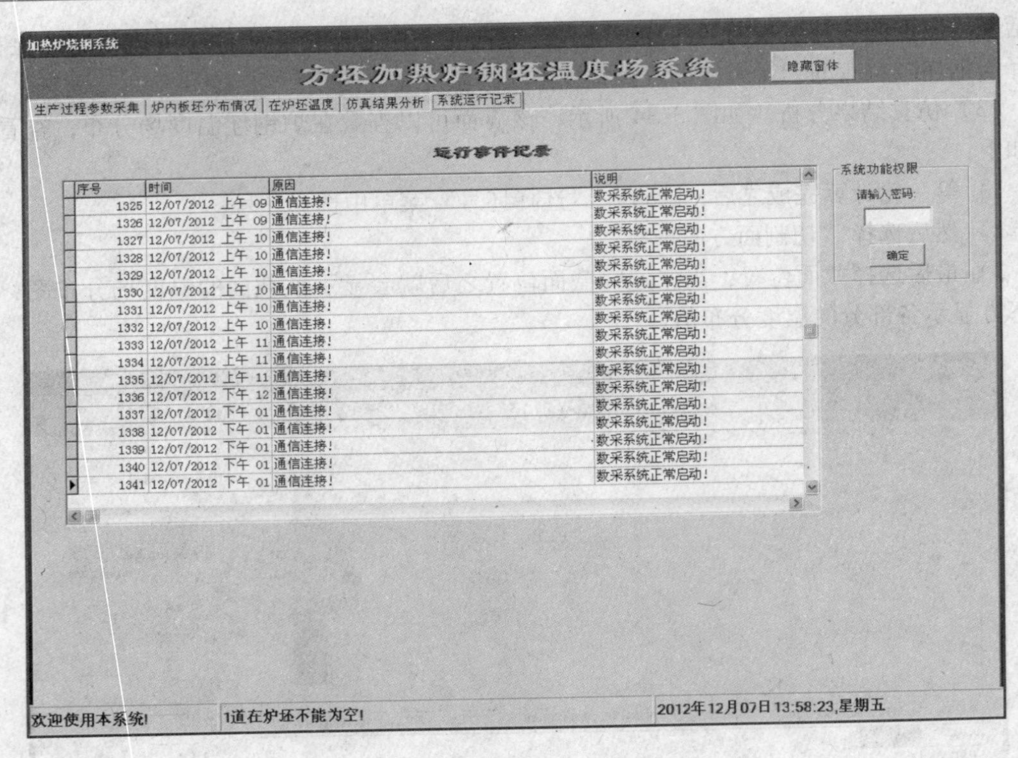

图 3-35　系统运行事件记录界面

进入钢坯运行界面。

(3) 在钢坯运行界面，点击，进入坯料验收对话框，选择计划号选中相应的计划。点击生产计划单查询，可以查看已经选择加入的计划。程序刚开启时，进度条呈红色，表示钢坯温度场模型启动中，启动模型需要 3min，3min 后进度条变为绿色，代表钢坯温度场模型已启动。只有在钢坯温度场模型启动后才允许装钢。

(4) 点击上料按钮，虚拟界面会有相应的上料动作，将钢坯送到炉外辊道上。经过入炉辊道将钢坯运到入料炉门前。

(5) 点击装钢按钮，虚拟界面中的装料挡板下降，炉门打开，钢坯进入炉内，然后炉门关闭，装料挡板上升。

(6) 步进梁切换到全自动状态，点击正循环，进入正循环自动操作。当装钢位显示条由红色变为绿色，表示当前可以进行装钢。

(7) 钢坯装入炉内后，钢坯温度场模型会对钢坯的温度进行计算，并会有相应的计算结果，详细说明参考“钢坯温度场模型功能”说明。

(8) 设定炉内各个段的温度。装钢完成后，界面右下角显示可以出钢状态，即原来的红色矩形框变为绿色。

（9）当“钢坯运行”界面显示的装钢时间和装钢间隔数值相等时，进行下一钢坯的装入。

（10）可以按照刚才的操作流程进行下一块钢坯的装炉操作。当钢坯通过步进梁的正循环移动到出料侧炉门前一段距离时，出料位显示条由红色变为绿色，表示可以进行出钢操作。

（11）点击 出钢 ，虚拟界面中出炉处出料口挡板下降，炉门打开，钢坯出炉，然后炉门关闭，出料口挡板上升。

（12）操作完成后，可以通过管理界面程序进行操作报表的查询。

情境4 棒材轧制仿真操作

任务4.1 棒材轧制工艺认知

4.1.1 轧制原理

（1）电机转速（单位为r/min）计算公式为：

电机转速 = 电机线速度 × 60 × 减速机速比/(3.14 × 工作辊径)

（2）孔型系统相关说明。

1）工艺布置由18架连轧轧机组成，其中粗连轧机组由6架闭口高刚度平立交替布置的轧机组成，7号—12号为中轧机组，13号—18号为精轧机组，连轧机组全部采用可调速的单驱动直流电机。

2）孔型系统。

① ϕ12mm、ϕ14mm、ϕ16mm的棒材产品采用箱孔型—方孔型—箱孔型—方孔型—椭圆孔型—圆孔型—椭圆孔型—圆孔型—椭圆孔型—圆(方)孔型—椭圆孔型—圆孔型-菱孔型—变形菱孔型—双立椭圆孔型—双圆孔型—椭圆孔型—圆孔型

② ϕ18mm、ϕ20mm箱孔型—方孔型—箱孔型—方孔型—椭圆孔型—圆孔型—椭圆孔型—圆孔型—椭圆孔型—圆(方)孔型—菱形孔型—变形菱孔型—双立椭圆孔型—双圆孔型—椭圆孔型—圆孔型

③ ϕ22mm、ϕ25mm箱孔型—方孔型—箱孔型—方孔型—椭圆孔型—圆孔型—椭圆孔型—圆孔型—椭圆孔型—圆(方)孔型—椭圆孔型—圆-椭圆孔型—圆孔型—椭圆孔型—圆孔型

④ ϕ28mm、ϕ32mm箱孔型—方孔型—箱孔型—方孔型—椭圆孔型—圆孔型—椭圆孔型—圆孔型—椭圆孔型—圆（方）孔型—椭圆孔型—圆-椭圆孔型—圆孔型

孔型系统构成及技术参数见表4-1。

表4-1 孔型系统构成及技术参数 （mm）

轧机架次 \ 规格	12	14	16	18	20	22	25	28	32	36
0	150×150	150×150	150×150	150×150	150×150	150×150	150×150	150×150	150×150	150×150
1	115×161	115×161	115×161	115×161	115×161	115×161	115×161	115×161	115×161	115×161
2	119×119	118×119	120×117	118×119	120×117	118×119	120×117	118×119	120×117	118×119
3	87×133	88×135	89×135	88×135	89×135	88×135	89×135	88×135	89×135	88×135
4	94×94	97×97	98×98	97×97	98×98	97×97	98×98	97×97	98×98	97×97
5	69×105	68×115	71×113	68×115	71×113	68×115	71×113	68×115	71×113	68×115
6	ϕ79	ϕ80	ϕ82	ϕ80	ϕ82	ϕ80	ϕ82	ϕ80	ϕ82	ϕ80
7	49×95	52.5×94	54×93	51×93	54×93	52.5×94	54×93	52.5×94	56×93	52.5×94

续表 4-1

轧机架次＼规格	12	14	16	18	20	22	25	28	32	36
8	φ60	φ61	φ62.5	φ62	φ63	φ61	φ62.5	φ61	φ66.5	φ61
9	33×76	40×76	42.5×68	37×75	43.5×68	40×76	42.5×68	40×76	47×72	36×75
10	48.3×48.4	φ48.5	φ51	φ48	φ53.5	φ48.5	φ51	φ48.5	φ55.5	φ46
11	26.5×49	31.5×60	35×58			31.5×60	35×58	31.5×60	36.5×56	
12	φ33	φ39	φ42			φ39	φ42	φ39	φ43.5	
13	19.5×40	23.8×46	29×54	31×61	36.5×62	23.5×44	28×48			
14	27.6×27.3	34×33.5	38.9×38.9	34	48.2×47.5	φ29.5	φ33			
15	17.5×29	21.5×31	24.5×36.5	27×39	30×43.4	19×35	22×40	23.5×45	27.5×48	27×56
16	φ14.8×2	φ17.9×2	φ20.5×2	φ23×2	φ25.5×2	φ22	φ25	φ28	φ32	φ36
17	9×19×2	11×20.5×2	13×25.8×2	13×28×2	16×31.2×2					
18	φ12×2	φ14×2	φ16×2	φ18×2	φ20×2					

4.1.2　虚拟设备操作按键介绍

F1：视角定在钢坯刚开始出现的位置。

F2：视角定在粗轧轧机。

F3：视角定在 1 号飞剪。

F4：视角定在中轧轧机。

F5：视角定在 2 号飞剪。

F6：视角定在精轧轧机。

F7：视角定在 3 号飞剪。

F8：视角定在 15 号轧机导板。

F9：视角定在 15 号轧机与 16 号轧机之间。

PgUp，PgDn：调整亮度。

W，S，A，D：前后左右移动位置。

R，F：上下移动摄像机位置。

鼠标左击拖动鼠标绕 y 轴旋转摄像机

任务 4.2　轧制虚拟界面和设备认知

在棒材生产仿真实训系统中，分别存在着与实际生产相一致的轧制虚拟界面，包括粗轧机组前传动辊，粗轧机组（3 架平辊轧机和 3 架立辊轧机）。粗轧机后飞剪、中轧机组（6 架平辊轧机）、中轧机后传动辊、水箱、中轧机组后飞剪、精轧机组（6 架平辊轧机）、精轧机组后传动辊和精轧机后 3 号飞剪等，虚拟界面和设备介绍如图 4-1 所示。

粗轧机组前传动辊

粗轧机组（3架平辊轧机3架立辊轧机）

粗轧机后飞剪

中轧机组（6架平辊轧机）

中轧机组后传动辊

水箱

中轧机组后飞剪

精轧机组（6架平辊轧机）

精轧机组后传动辊

精轧机后3号飞剪

图 4-1　轧制虚拟界面和设备

任务 4.3　轧制控制界面认知

4.3.1　控制界面操作介绍

（1）系统主界面切换按钮功能如图 4-2 所示。

工艺概况　轧机监控　张力活套　轧制参数　工艺跟踪　主页　退出

图 4-2　系统主界面切换按钮图

（2）轧机主界面功能概述。轧机主界面如图 4-3 所示。

1）检修：点击此处轧机将进入检修状态。

2）生产：点击此处轧机进入生产状态。

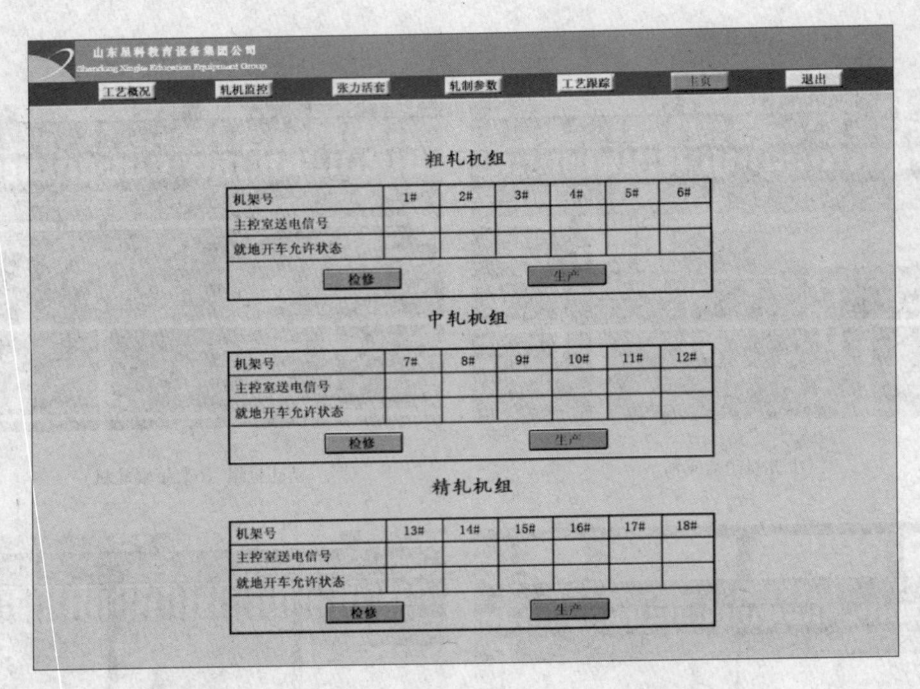

图 4-3　轧机主界面

（3）工艺概况界面功能介绍。工艺概况界面如图 4-4 所示。

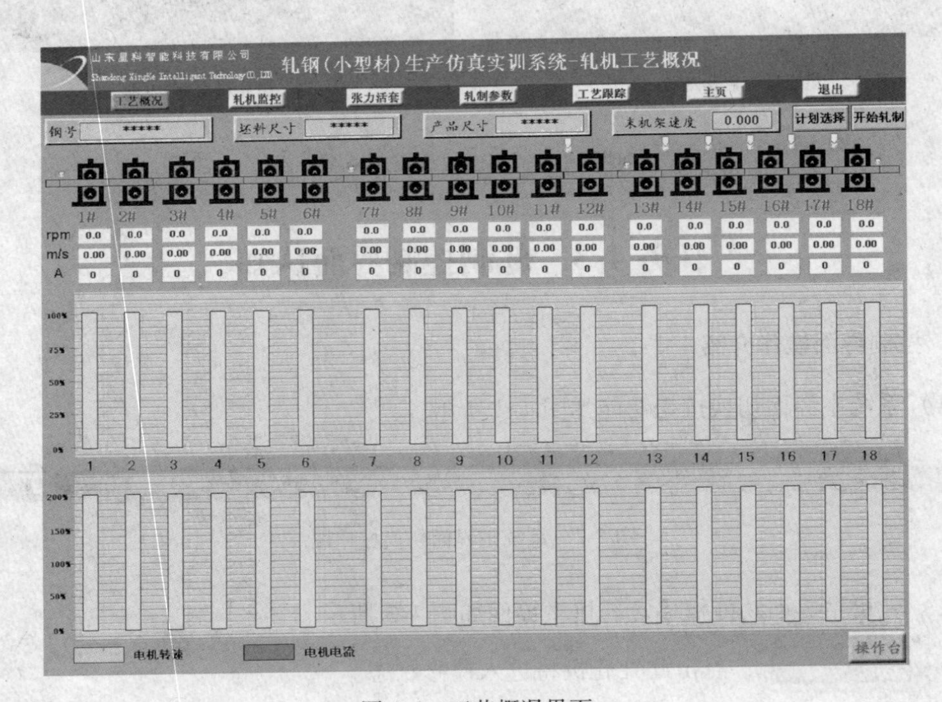

图 4-4　工艺概况界面

1）“计划选择” 点击此按钮将弹出计划下达对话框，如图 4-5 所示。

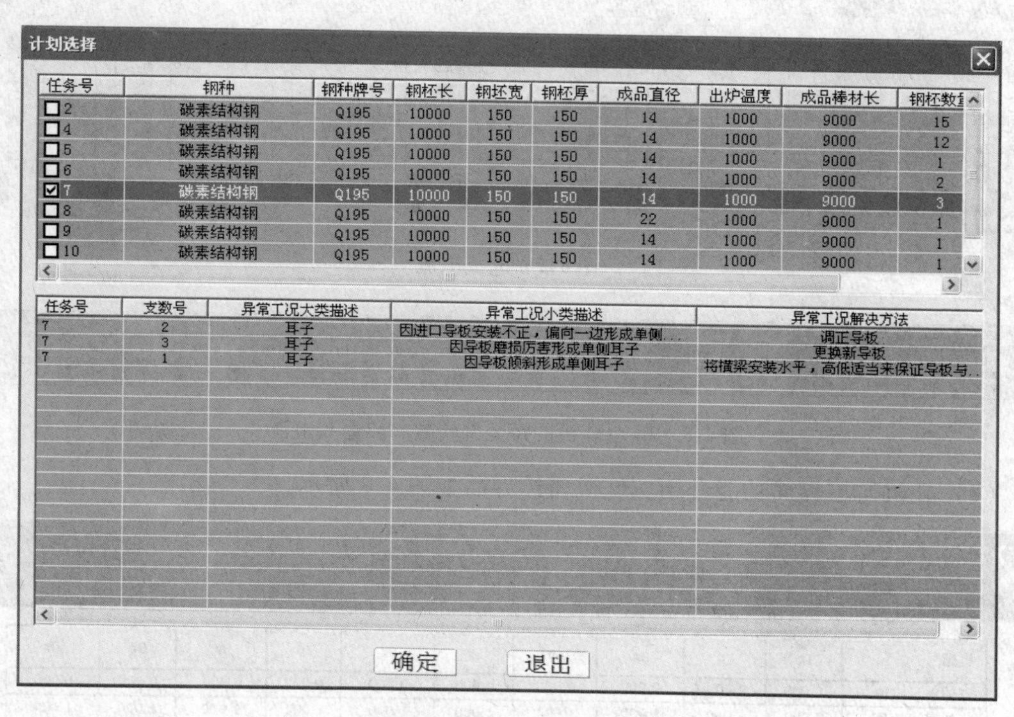
计划选择

任务号	钢种	钢种牌号	钢坯长	钢坯宽	钢坯厚	成品直径	出炉温度	成品棒材长	钢坯数量
☐ 2	碳素结构钢	Q195	10000	150	150	14	1000	9000	15
☐ 4	碳素结构钢	Q195	10000	150	150	14	1000	9000	12
☐ 5	碳素结构钢	Q195	10000	150	150	14	1000	9000	1
☐ 6	碳素结构钢	Q195	10000	150	150	14	1000	9000	2
☑ 7	碳素结构钢	Q195	10000	150	150	14	1000	9000	3
☐ 8	碳素结构钢	Q195	10000	150	150	22	1000	9000	1
☐ 9	碳素结构钢	Q195	10000	150	150	14	1000	9000	1
☐ 10	碳素结构钢	Q195	10000	150	150	14	1000	9000	1

任务号	支数号	异常工况大类描述	异常工况小类描述	异常工况解决方法
7	2	耳子	因进口导板安装不正，偏向一边形成单侧...	调正导板
7	3	耳子	因导板磨损厉害形成单侧耳子	更换新导板
7	1	耳子	因导板倾斜形成单侧耳子	将横梁安装水平，高低适当来保证导板与...

确定　退出

图 4-5　计划下达对话框

2）点击 计划号 前面的多选按钮可以选择不同计划号的计划。

3）点击 确定 按钮，确认选择此计划。

4）点击 退出 按钮，退出计划选择对话框。

5）退出后 计划查询 显示为绿色。

6）显示电机转速，如图 4-6 所示。

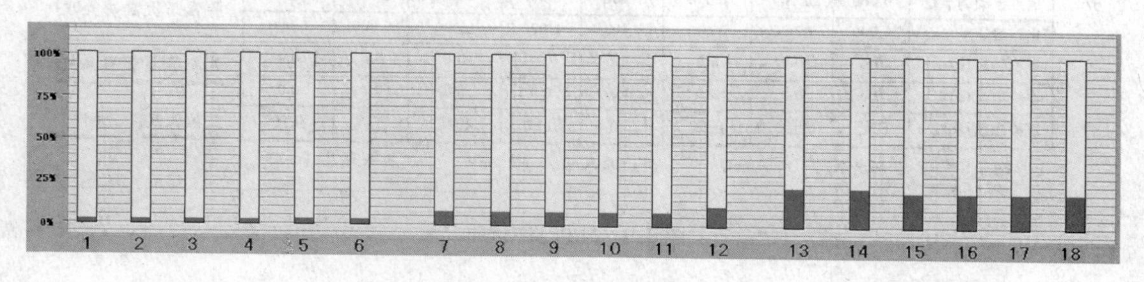

图 4-6　电机转速

7）显示电机电流，如图 4-7 所示。

8）显示 18 个轧机的每分钟转数、转速、电流，如图 4-8 所示。

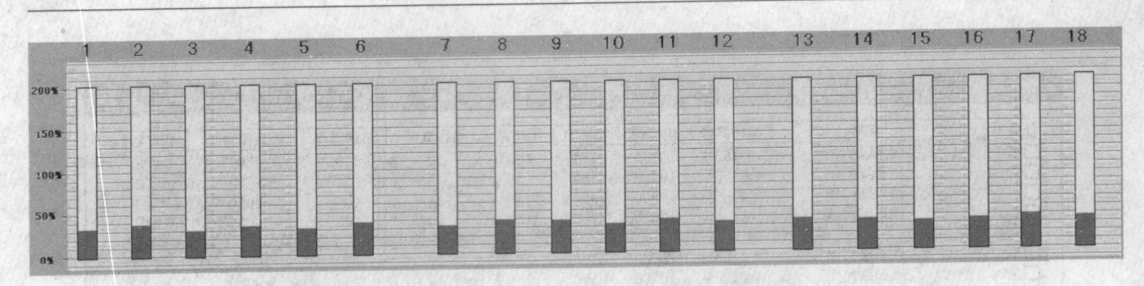

图 4-7　电机电流

	1	2	3	4	5	6	7	8	9	10	11	12	13	14	15	16	17	18
rpm	33.2	33.0	33.0	33.2	40.0	40.0	119.7	119.5	119.8	119.6	119.7	169.1	337.7	337.3	302.2	301.8	302.0	302.1
m/s	1.01	1.00	1.00	1.01	1.00	1.00	3.01	3.00	3.01	3.00	3.01	3.01	6.01	6.00	6.01	6.00	6.01	6.01
A	457	469	440	414	374	428	459	440	391	377	375	437	390	379	424	370	431	371

图 4-8　18 个轧机的每分钟转数、转速和电流

（4）轧机监控界面功能介绍。轧机监控界面如图 4-9 所示。

山东星科智能科技有限公司
Shandong XingKe Intelligent Technology CO.,LTD
轧钢（小型材）生产仿真实训系统-轧机轧机监控

工艺概况　轧机监控　张力活套　轧制参数　工艺跟踪　主页　退出

机架号	1#	2#	3#	4#	5#	6#	7#	8#	9#	10#
延伸率设定值	0.000	0.000	0.000	0.000	0.000	0.000	0.000	0.000	0.000	0.000
延伸率运行值	0.000	1.000	1.000	1.000	1.000	1.000	1.000	1.000	1.000	1.000
动态速降补偿(%)	0.0	0.0	0.0	0.0	0.0	0.0	0.0	0.0	0.0	0.0
自适应延伸率										
速度手动调节量	0.000	0.000	0.000	0.000	0.000	0.000	0.000	0.000	0.000	0.000
出口线速度(m/s)	0.000	0.000	0.000	0.000	0.000	0.000	0.000	0.000	0.000	0.000
电机转速(r/min)	0.0	0.0	0.0	0.0	0.0	0.0	0.0	0.0	0.0	0.0
电机电流(%)	0.0	0.0	0.0	0.0	0.0	0.0	0.0	0.0	0.0	0.0
机架在线/离线	在线	在线	在线	在线	在线	在线	在线	在线	在线	在线

机架号	11#	12#	13#	14#	15#	16#	17#	18#
延伸率设定值	0.000	0.000	0.000	0.000	0.000	0.000	0.000	0.000
延伸率运行值	1.000	1.000	1.000	1.000	1.000	1.000	1.000	1.000
动态速降补偿(%)	0.0	0.0	0.0	0.0	0.0	0.0	0.0	0.0
自适应延伸率			0.000	0.000	0.000	0.000	0.000	0.000
速度手动调节量	0.000	0.000	0.000	0.000	0.000	0.000	0.000	0.000
出口线速度(m/s)	0.000	0.000	0.000	0.000	0.000	0.000	0.000	0.000
电机转速(r/min)	0.0	0.0	0.0	0.0	0.0	0.0	0.0	0.0
电机电流(%)	0.0	0.0	0.0	0.0	0.0	0.0	0.0	0.0
机架在线/离线	在线	在线	在线	在线	在线	在线	在线	在线

粗轧系统检查
中轧精轧系统检查
现场状况
异常工况解决处理
轧机孔型调整系统
监控曲线　操作台

钢号：　坯料尺寸（mm*mm）　产品尺寸（mm*mm）　末机架速度（m/s）

图 4-9　轧机监控界面

1）点击 监控曲线 按钮，弹出曲线控制界面，如图 4-10 所示。

2）点击 缩小 按钮，曲线将缩小一倍。

3）点击 增大 按钮，曲线将扩大一倍。

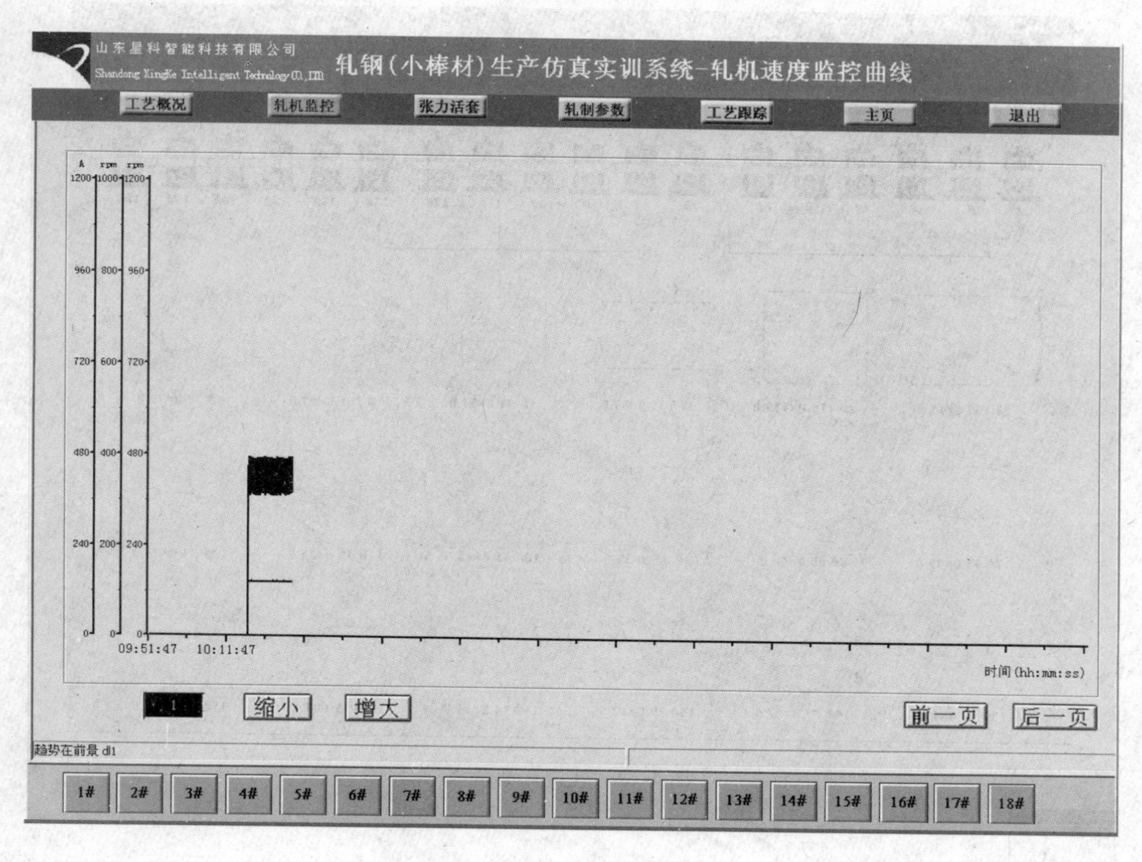

图 4-10　曲线控制界面

4）[1] 显示放大缩小倍数。

5）点击[前一页]按钮，曲线将往前移动一页。

6）点击[后一页]按钮，曲线将往后移动一页。

7）图 4-10 下方的“1#” ~ “18#”分别代表 18 台轧机，点击按钮可看到相应轧机的曲线图。

8）切换界面时，可点击图 4-11 所示按钮，进行切换界面。

图 4-11　界面切换按钮

9）点击[轧机孔型调整系统]进入轧机孔型系统，界面如图 4-12 所示。默认选择第一架轧机。点击平辊调整中[▼]，则被选中的轧机的高度变小；如果点击[▲]，则被选中的轧机高度变大；点击立辊辊调整中[▼]，则被选中的轧机的宽度变小；如果点击[▲]，则被选中的轧机宽度变大。

[改变步长 1.0]此处可以修改平辊、立辊中变大或变小的数值，点击[1.0]弹出

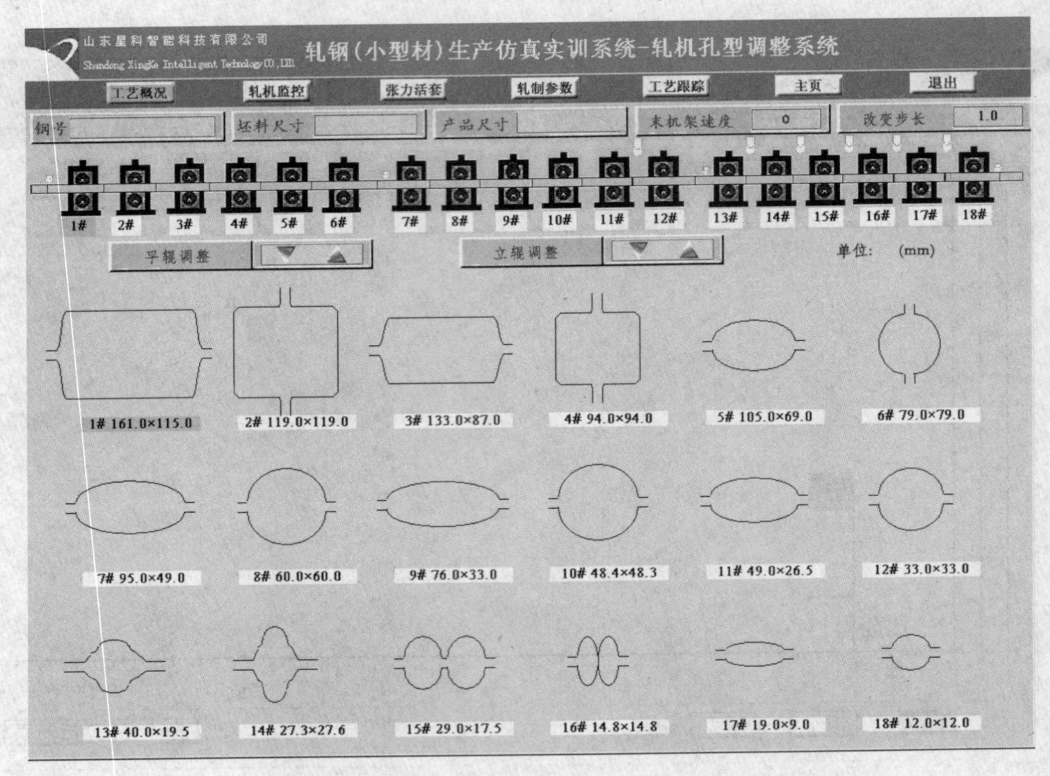

图4-12　轧机孔型系统

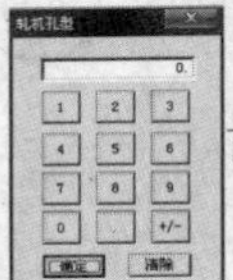可以输入数据。

（5）张力活套功能介绍。张力活套界面如图4-13所示，对应活套的使用情况见表4-2（该信息在轧制规程中）。

表4-2　活套的应用情况

成品尺寸 \ 活套	1	2	3	4	5	6	7
12	不用	用			用		用
14	不用	用			用	用	用
16	不用	用			用	用	用
18	不用	用			用	用	用
20	不用	用			用	用	用
22	不用	用		用	用		
25	不用	用		用	用		
28	不用	用			用		
32	不用	用			用		
36	不用	用			用		
40	不用	用			用		

山东星科智能科技有限公司
Shandong Xingke Intelligent Technology CO.,LTD
轧钢（小棒材）生产仿真实训系统-轧机张力活套

工艺概况　轧机监控　张力活套　轧制参数　工艺跟踪　主页　退出

微张活套控制

		粗轧区						中轧区						精轧区					
		S1	S2	S3	S4	S5	S6	S7	S8	S9	S10	S11	S12	S13	S14	S15	S16	S17	S18
延伸率	设定值	0.000	0.000	0.000	0.000	0.000	0.000	0.000	0.000	0.000	0.000	0.000	0.000	0.000	0.000	0.000	0.000	0.000	0.000
	实际值	0.000	0.000	0.000	0.000	0.000	0.000	0.000	0.000	0.000	0.000	0.000	0.000	0.000	0.000	0.000	0.000	0.000	0.000
	优化值													0.000	0.000	0.000	0.000	0.000	0.000
转速 (rpm)	设定值	0.0	0.0	0.0	0.0	0.0	0.0	0.0	0.0	0.0	0.0	0.0	0.0	0.0	0.0	0.0	0.0	0.0	0.0
	实际值	33.1	33.0	33.2	33.0	40.0	39.8	119.6	119.4	119.5	119.7	119.5	168.7	337.3	337.4	301.9	301.9	301.8	302.0
线速 (m/s)	设定值	0.000	0.000	0.000	0.000	0.000	0.000	0.000	0.000	0.000	0.000	0.000	0.000	0.000	0.000	0.000	0.000	0.000	0.000
	实际值	1.005	1.001	1.007	1.001	1.006	1.000	3.004	3.000	3.001	3.007	3.001	3.001	6.001	6.004	6.004	6.004	6.002	6.006
电流 (A)	实际值	401	443	425	429	376	466	435	435	412	405	435	449	460	428	439	444	414	464
速度手动调节量		0.000	0.000	0.000	0.000	0.000	0.000	0.000	0.000	0.000	0.000	0.000	0.000	0.000	0.000	0.000	0.000	0.000	0.000

微张控制选择

H1/V2	V2/H3	H3/V4	V4/H5	H5/V6	
0.000	0.000	0.000	0.000	0.000	(n/mm2)
V6/H7	H7/V8	V8/H9	H9/V10	V10/H11	
0.000	0.000	0.000	0.000	0.000	(n/mm2)

套高设定

动态速降补偿　活套参数　微张力控制　操作台

活套应急投入	LOOP1	LOOP2	LOOP3	LOOP4	LOOP5	LOOP6
	2#活套	3#活套	4#活套	5#活套	6#活套	7#活套
设定值 (mm)	0	0	0	0	0	0
实际值 (mm)	0	0	0	0	0	0
活套调节量	0.000	0.000	0.000	0.000	0.000	0.000

图 4-13　张力活套界面

点击动态速降补偿将会弹出动态速降补偿设定界面，如图 4-14 所示。点击图中“动态速

动态速降补偿设定

动态速降补偿设定

钢号	坯料尺寸 (mmxmm):	产品尺寸 (mm):	末机架速度 (m/s):
*****	*****	*****	0.000

机架号	1#机架	2#机架	3#机架	4#机架	5#机架	6#机架
动态速降补偿设定值 (%)	0.0	0.0	0.0	0.0	0.0	0.0
机架号	7#机架	8#机架	9#机架	10#机架	11#机架	12#机架
动态速降补偿设定值 (%)	0.0	0.0	0.0	0.0	0.0	0.0
机架号	13#机架	14#机架	15#机架	16#机架	17#机架	18#机架
动态速降补偿设定值 (%)	0.0	0.0	0.0	0.0	0.0	0.0

图 4-14　动态速降补偿设定界面

降补偿设定值（%）”行，光标呈现小手的形状时，鼠标单击。弹出动态补偿设定界面，如图 4-15 所示。用户可以点击相应的数值，然后点击“确定”按钮。1 号～18 号操作完全相同。

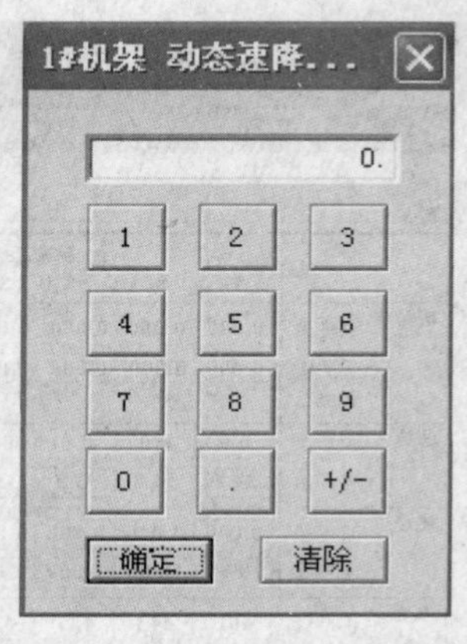

图 4-15　动态补偿设定界面

点击 活套参数 按钮，弹出活套高度设定界面，如图 4-16 所示。

点击 关断 按钮，紧接着变为 投入 按钮。点击“活套设定高度（mm）”行，光标呈现小手形状时，鼠标点击，弹出活套设定高度界面，如图 4-17 所示。输入数值后点击“确定”按钮，显示如图 4-18 所示。点击 投入 按钮，所设高度将会变为零。

活套高度设定

☐ 活套优化选择

活套高度设定

钢号 ******　坯料尺寸（mmxmm）: ******　产品尺寸（mm）: ******　末机架速度（m/s）: 0.000

活套编号	1#活套	2#活套	3#活套	4#活套	5#活套	6#活套	7#活套
活套设定高度（mm）		0	0	0	0	0	0
活套实际高度（mm）		0	0	0	0	0	0
活套调节器		关断	关断	关断	关断	关断	关断
活套修正量（%）		0.000	0.000	0.000	0.000	0.000	0.000
活套扫描器							
起套延时系数		0.00	0.00	0.00	0.00	0.00	0.00
起套延时时间（ms）		0	0	0	0	0	0
落套延时时间（x10ms）		0	0	0	0	0	0
活套落套速度补偿（%）		0.0	0.0	0.0	0.0	0.0	0.0
活套应急选择		关断	关断	关断	关断	关断	关断
起套辊测试:		收回	收回	收回	收回	收回	收回

图 4-16　活套高度设定界面

点击 微张力控制 按钮，将会弹出微张力控制选择界面，如图 4-19 所示。点击“张力设定值（N/mm^2）”行，光标呈现小手状态时，鼠标单击。弹出张力设定值界面，用户输入数据后点击“确定按钮”。

点击 关断 按钮。点击 投入 按钮。

图 4-17　活套设定高度界面

4.3.2　轧制参数与工艺跟踪界面功能介绍

轧钢工序主要设备技术性能及参数包括轧机规格、利用辊径的范围、减速机速比等。

粗轧机组、中轧机组及精轧机组的技术参数分别见表 4-3～表 4-5。

活套设定高度(mm)		11	0	0	0	0	0
活套实际高度(mm)		0	0	0	0	0	0
活套调节器		投入	关断	关断	关断	关断	关断

图 4-18　输入活套高度数值

微张力控制选择

微张力控制选择

钢号 *****　坯料尺寸(mm×mm): *****　产品尺寸(mm): *****　末机架速度(m/s): 0.000

机架号	H1/V2	V2/H3	H3/V4	V4/H5	H5/V6
张力设定值(N/MM2)	0.000	0.000	0.000	0.000	0.000
微张力投入选择	关断	关断	关断	关断	关断
机架号	V6/H7	H7/H8	H8/H9	H9/H10	H10/H11
张力设定值(N/MM2)	0.000	0.000	0.000	0.000	0.000
微张力投入选择	关断	关断	关断	关断	关断

图 4-19　微张力控制选择界面

表 4-3　粗轧机组技术参数

机架号	1H	2V	3H	4V	5H	6V
轧机规格/mm	550	550	550	550	450	450
新辊直径/mm	580	580	580	580	480	480
利用的最小辊径/mm	520	520	520	520	420	420
辊身长度/mm	700	700	700	700	680	680
轧辊径向调整量/mm	100	100	100	100	80	80
机架横移缸行程/mm	2600	3250	2600	3250	2480	3250
机架横移速度/$mm \cdot s^{-1}$	0 ~ 200	0 ~ 200	0 ~ 200	0 ~ 200	0 ~ 200	0 ~ 200
减速机速比	39.816	38.925	23.887	22.500	15.797	12.747
电机功率/kW	500	650	500	650	650	650
电机转速/$r \cdot min^{-1}$	400 ~ 900	600 ~ 1200	400 ~ 900	600 ~ 1200	600 ~ 1200	600 ~ 1200
许用轧制力/kN	2500	2500	2500	2500	1400	1400
轧制力矩/kN · m	250	230	250	150	120	100

表 4-4　中轧机组技术参数

机架号	7H	8H	9H	10H	11H	12H
轧机规格/mm	450	450	450	450	450	450
新辊直径/mm	480	480	480	480	480	480
利用的最小辊径/mm	420	420	420	420	420	420
辊身长度/mm	700	700	700	700	700	700
轧辊径向调整量/mm	70	50	50	50	50	50
机架横移缸行程/mm	600	620	620	620	620	560
机架横移速度/$mm \cdot s^{-1}$	0 ~ 200	0 ~ 200	0 ~ 200	0 ~ 200	0 ~ 200	0 ~ 200
减速机速比	11. 2	6. 93	6. 08	4. 94	4. 06	2. 56
电机功率/kW	850	850	850	850	850	850
电机转速/$r \cdot min^{-1}$	700 ~ 1400	700 ~ 1400	700 ~ 1400	700 ~ 1400	700 ~ 1400	800 ~ 1400
许用轧制力/kN	2000	2000	2000	2000	2000	900
轧制力矩/kN · m	150	85	85	85	85	65

表 4-5　精轧机组技术参数

机架号	13H	14H	15H	16H	17H	18H
轧机规格/mm	350	350	350	350	350	350
新辊直径/mm	380	380	380	380	380	380
利用的最小辊径/mm	320	320	320	320	320	320
辊身长度/mm	650	650	650	650	650	650
轧辊径向调整量/mm	50	50	60	60	60	60
机架横移缸行程/mm	560	560	560	560	620	620
机架横移速度/$mm \cdot s^{-1}$	0 ~ 200	0 ~ 200	0 ~ 200	0 ~ 200	0 ~ 200	0 ~ 200
减速机速比	2. 115	1. 800	1. 531	1. 15	1. 000	1. 000
电机功率/kW	850	850	907	1500	850	1200
电机转速/$r \cdot min^{-1}$	800 ~ 1400	800 ~ 1400	503 ~ 1200	745 ~ 1200	700 ~ 1400	745 ~ 1200
许用轧制力/kN	900	900	1500	1500	1500	1500
轧制力矩/kN · m	65	65	65	65	85	85

（1）轧制参数界面如图 4-20 所示。

1）鼠标移动到图 4-21 所示区域，呈现小手状，鼠标单击。弹出轧机轧辊辊径修改界面，如图 4-22 所示。用户输入数据后点击“确定”按钮。

2）单击 打开 按钮，弹出打开对话框，如图 4-23 所示。用户选择合适的直径后，单击“打开”按钮，弹出用户所选数据显示界面，如图 4-24 所示。此时系统将用户所打开的数据直接填充到了“轧制参数表格中”，点击关闭按钮。

3）点击 保存 按钮，将会弹出另存为对话框，如图 4-25 所示。用户填写完文件名后点击“保存”按钮进行保存。

山东星科智能科技有限公司 Shandong Xingke Intelligent Technology Co., Ltd　轧钢（小棒材）生产仿真实训系统-轧机轧制参数

工艺概况　轧机监控　张力活套　轧制参数　工艺跟踪　主页　退出

轧 制 参 数

钢号 *****　坯料规格 150 * 150　成品规格 18　出口速度 0.000 m/s

机架	轧辊辊径 (mm)	辊径修正量 (mm)	工作辊径 (mm)	延伸率	轧件面积 (mm2)	线速度 (m/s)	电机转速 (rmp)
S1	0.0	0.000	580.00	0.000	0.0	0.000	0.0
S2	0.0	0.000	580.00	0.000	0.0	0.000	0.0
S3	0.0	0.000	580.00	0.000	0.0	0.000	0.0
S4	0.0	0.000	580.00	0.000	0.0	0.000	0.0
S5	0.0	0.000	480.00	0.000	0.0	0.000	0.0
S6	0.0	0.000	480.00	0.000	0.0	0.000	0.0
S7	0.0	0.000	480.00	0.000	0.0	0.000	0.0
S8	0.0	0.000	480.00	0.000	0.0	0.000	0.0
S9	0.0	0.000	480.00	0.000	0.0	0.000	0.0
S10	0.0	0.000	480.00	0.000	0.0	0.000	0.0
S11	0.0	0.000	480.00	0.000	0.0	0.000	0.0
S12	0.0	0.000	340.00	0.000	0.0	0.000	0.0
S13	0.0	0.000	340.00	0.000	0.0	0.000	0.0
S14	0.0	0.000	340.00	0.000	0.0	0.000	0.0
S15	0.0	0.000	380.00	0.000	0.0	0.000	0.0
S16	0.0	0.000	380.00	0.000	0.0	0.000	0.0
S17	0.0	0.000	380.00	0.000	0.0	0.000	0.0
S18	0.0	0.000	380.00	0.000	0.0	0.000	0.0

打开　保存　下载　计算

图 4-20　轧制参数界面

轧辊辊径 (mm)	辊径修正量 (mm)
0.0	0.000
0.0	0.000
0.0	0.000
0.0	0.000
0.0	0.000
0.0	0.000
0.0	0.000
0.0	0.000
0.0	0.000
0.0	0.000
0.0	0.000
0.0	0.000
0.0	0.000
0.0	0.000
0.0	0.000
0.0	0.000
0.0	0.000
0.0	0.000

图 4-21　“轧辊辊径”及“辊径修正量”区域

图 4-22　轧机轧辊辊径修改界面

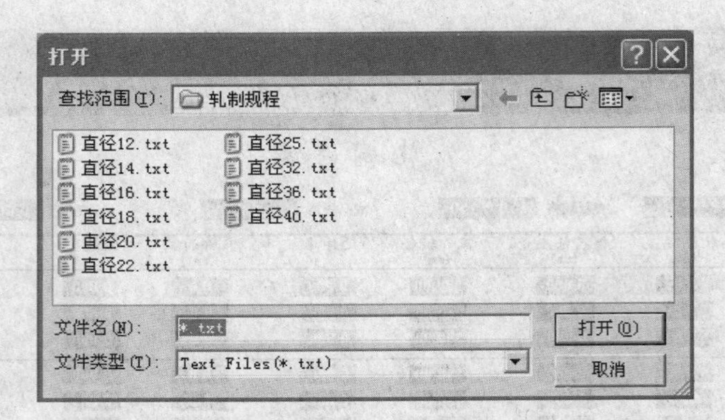

图 4-23　“打开”对话框

直径18. txt - 记事本

文件(F)　编辑(E)　格式(O)　查看(V)　帮助(H)

直径18 甩11# 甩12#
M18#出口线速度 15
L活套高度 2#Y170 3#NO 4#NO 5#NO 6#Y140 7#Y140

机架号	延伸率	线速度	轧辊直径	轧辊修正量	轧件面积
S1	1. 000	0. 406	580. 00	0. 000	18515. 0
S2	1. 340	0. 544	580. 00	0. 000	14042. 0
S3	1. 257	0. 683	580. 00	0. 000	11880. 0
S4	1. 274	0. 870	580. 00	0. 000	9409. 0
S5	1. 407	1. 224	480. 00	0. 000	7820. 0
S6	1. 242	1. 520	480. 00	30. 5	5026. 0
S7	1. 220	1. 854	480. 00	0. 000	4743. 0
S8	1. 292	2. 396	480. 00	0. 000	3019. 0
S9	1. 211	2. 901	480. 00	0. 000	2812. 0
S10	1. 291	3. 745	480. 00	17. 75	1809. 5
S11	0. 995	3. 726	480. 00	0. 000	1907. 4
S12	1. 000	0. 000	340. 00	0. 000	1907. 4
S13	1. 270	4. 731	340. 00	12. 00	1659. 1
S14	1. 408	6. 662	340. 00	21. 2	1072. 4
S15	1. 312	8. 740	380. 00	12. 75	866. 6
S16	1. 131	9. 887	380. 00	11. 8	579. 6
S17	1. 178	11. 645	380. 00	6. 5	394. 4
S18	1. 288	15. 000	380. 00	9. 0	254. 4

Ln 1, Col 1

图 4-24　用户所选数据显示界面

图 4-25　“另存为”对话框

4）点击 下载 按钮，会弹出对话框，点击“确定”，将数据下载到 PLC。

注：此时的转机速度为零。

5）点击 计算 按钮，系统将自动计算电机速度，并且显示在“轧制参数表格中”，如图 4-26 所示。

机架	轧辊辊径 (mm)	辊径修正量 (mm)	工作辊径 (mm)	延伸率	轧件面积 (mm2)	线速度 (m/s)	电机转速 (rmp)
S1	580.0	0.000	580.00	1.000	18515.0	0.406	13.4
S2	580.0	0.000	580.00	1.340	14042.0	0.544	17.9
S3	580.0	0.000	580.00	1.257	11880.0	0.683	22.5
S4	580.0	0.000	580.00	1.274	9409.0	0.870	28.7
S5	480.0	0.000	480.00	1.407	7820.0	1.224	48.7
S6	480.0	30.500	449.50	1.242	5026.0	1.520	64.6
S7	480.0	0.000	480.00	1.220	4743.0	1.854	73.8
S8	480.0	0.000	480.00	1.292	3019.0	2.396	95.4
S9	480.0	0.000	480.00	1.211	2812.0	2.901	115.5
S10	480.0	17.750	462.25	1.291	1809.5	3.745	154.8
S11	480.0	0.000	480.00	0.995	1907.4	3.726	148.3
S12	340.0	0.000	340.00	1.000	1907.4	0.000	0.0
S13	340.0	12.000	328.00	1.270	1659.1	4.731	275.6
S14	340.0	21.200	318.80	1.408	1072.4	6.662	399.3
S15	380.0	12.750	367.25	1.312	866.6	8.740	454.7
S16	380.0	11.800	368.20	1.131	579.6	9.887	513.1
S17	380.0	6.500	373.50	1.178	394.4	11.645	595.8
S18	380.0	9.000	371.00	1.288	254.4	15.000	772.6

图 4-26 轧制参数

（2）工艺跟踪界面功能介绍。工艺跟踪界面如图 4-27 所示。显示 18 个轧机的设定转

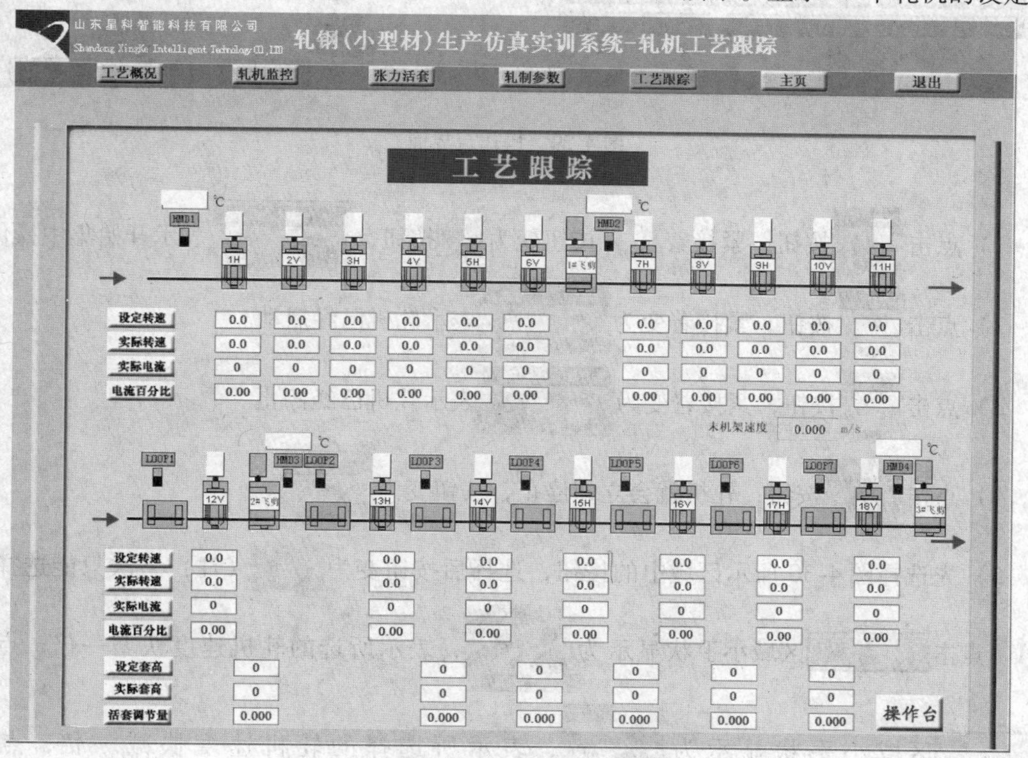

图 4-27 工艺跟踪界面

速、实际转速、实际电流、电流百分比、设定套高、实际套高以及活套调节量，如图 4-28 所示。

设定转速	0.0	275.6	399.3	454.7	513.1	595.8	772.6
实际转速	168.8	349.9	360.0	312.2	311.5	307.3	309.2
实际电流	382	391	424	432	459	424	395
电流百分比	0.32	0.33	0.35	0.36	0.38	0.35	0.33

设定套高	170	0	0	0	140	140
实际套高	0	0	0	0	0	0
活套调节量	1.000	22.000	0.000	0.000	0.000	0.000

操作台

图 4-28　参数显示

（3）操作台界面功能介绍。操作台界面如图 4-29 所示。

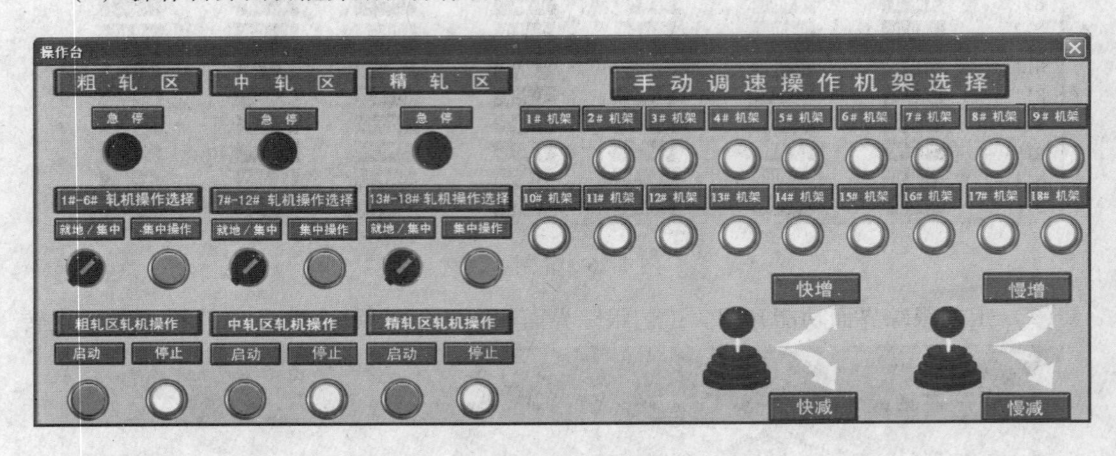

图 4-29　操作台界面

1）点击按钮，紧接着按钮变为按钮，表示开始集中操作。

2）点击按钮，紧接着变为表示轧机已经启动。

3）点击按钮，紧接着变为表示轧机已经停止。

4）点击按钮，轧机就会立即停止，按钮变为。

5）先选择图 4-30 所示区域中的按钮，选择后按钮变为（注：一次只能选择一个）。点击 快增 区域小手状显示为，表示所选的轧机速度快增一倍；点击

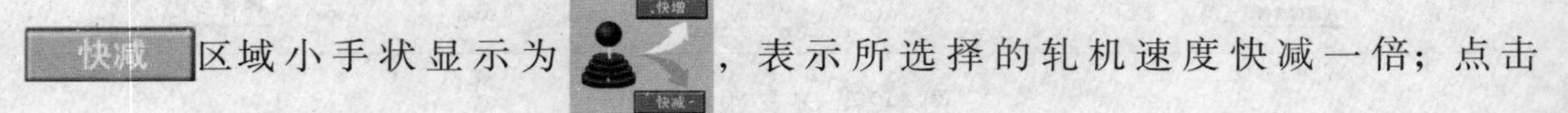

快减 区域小手状显示为，表示所选择的轧机速度快减一倍；点击

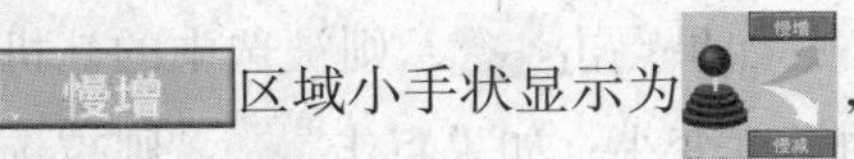区域小手状显示为，表示所选择的轧机速度慢增一倍；点击 慢减 区域小手状显示为，表示所选择的轧机速度慢减一倍。

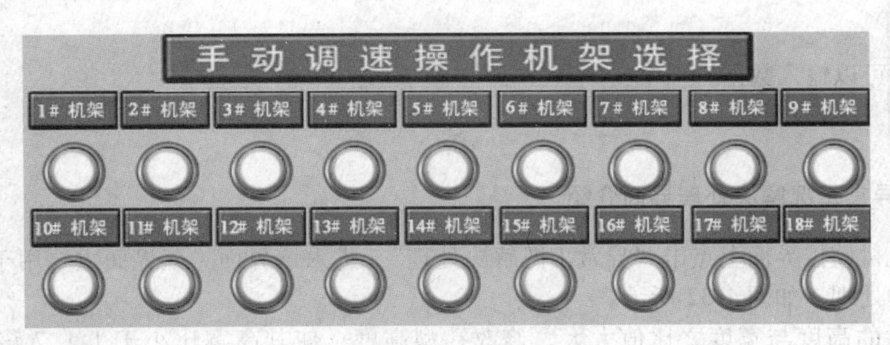

图 4-30　机架按钮

4.3.3　孔型调整系统界面介绍

在轧机监控界面上点击“轧机孔型调整系统”出现界面如图 4-31 所示。针对产品尺寸和断面形状等异常工况的处理，默认选择第一架轧机。

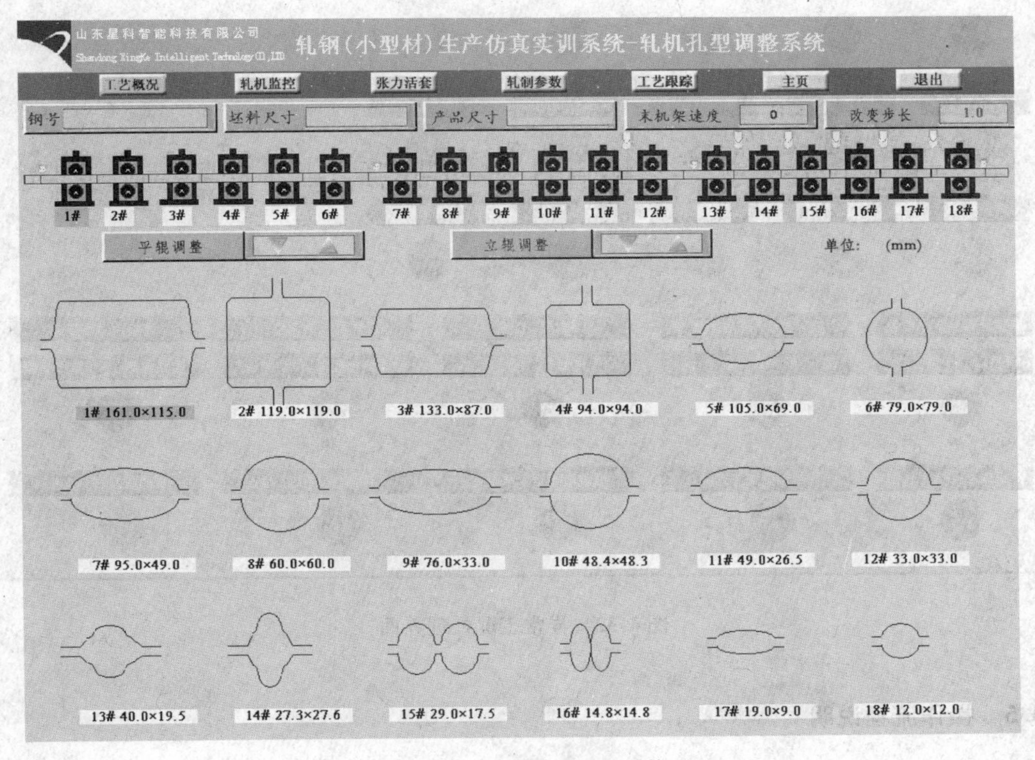

图 4-31　轧机孔型调整系统

点击平辊调整中▼，则被选中的轧机的高度变小；如果点击▲，则被选中的轧机高度变大；点击立辊辊调整中▼，则被选中的轧机的宽度变小；如果点击▲，则被选中的轧机宽度变大。

改变步长 1.0 处可以修改平辊、立辊中变大或变小的数值，点击 1.0 弹出

可以输入数据。

4.3.4　异常工况解决处理界面介绍

在轧机监控界面上点击“异常工况解决处理”，进入该界面。该界面主要用于进行异常工况的处理，如图 4-32 所示。

轧件的高度与宽度之比值太大，修改孔型高度，使其高宽比小于 1∶1.7 该异常工况随机设定在第 2、3 两架轧机上，其他的异常工况都设定在成品孔和成品前孔轧机上。

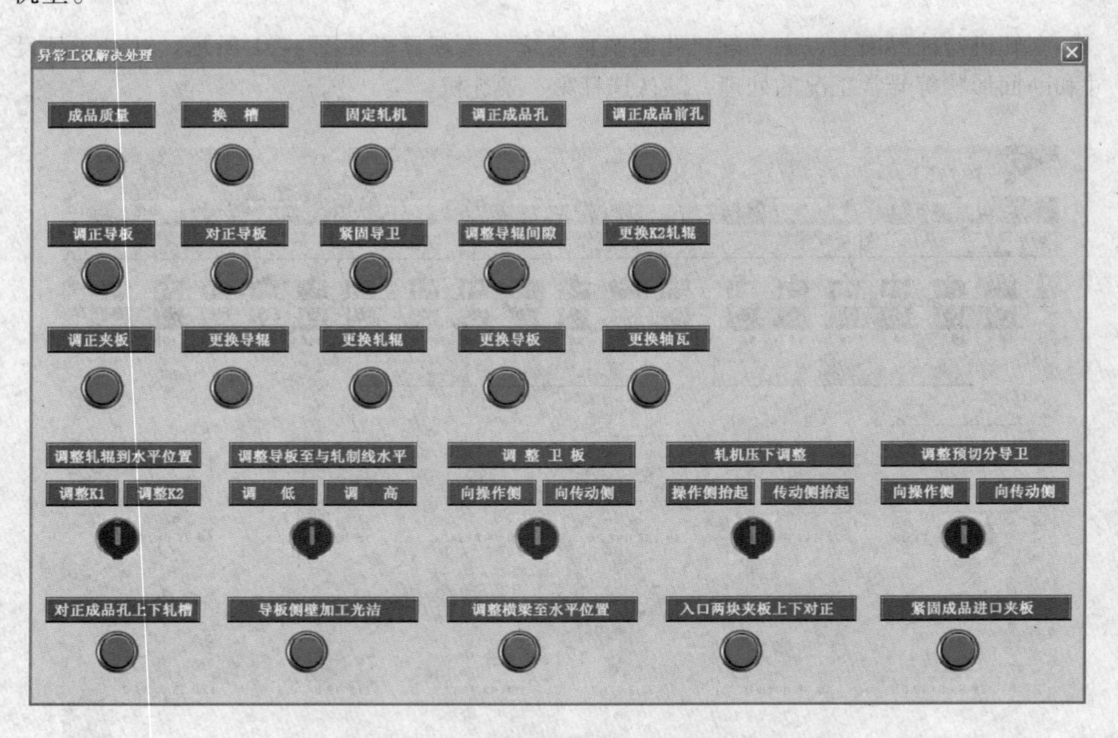

图 4-32　异常工况处理界面

4.3.5　操作流程说明

工艺流程如图 4-33 所示。

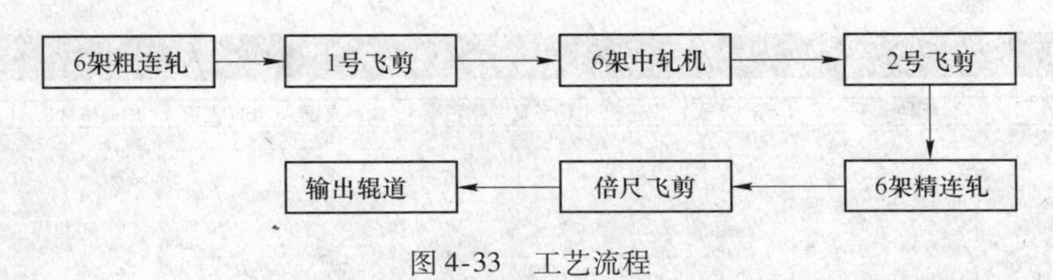

图 4-33　工艺流程

（1）在“轧制生产仿真系统主界面”上把模式 检修 状态切换到 生产 状态。

（2）在系统主界面切换按钮上点击 工艺概况 按钮。

（3）在工艺概况界面上点击“计划选择”按钮，在弹出的计划选择对话框中选择用户要选择的计划号，然后点击“确定”按钮，如图 4-34 所示。点击“计划查询”会弹出刚刚选择的计划，如图 4-35 所示。

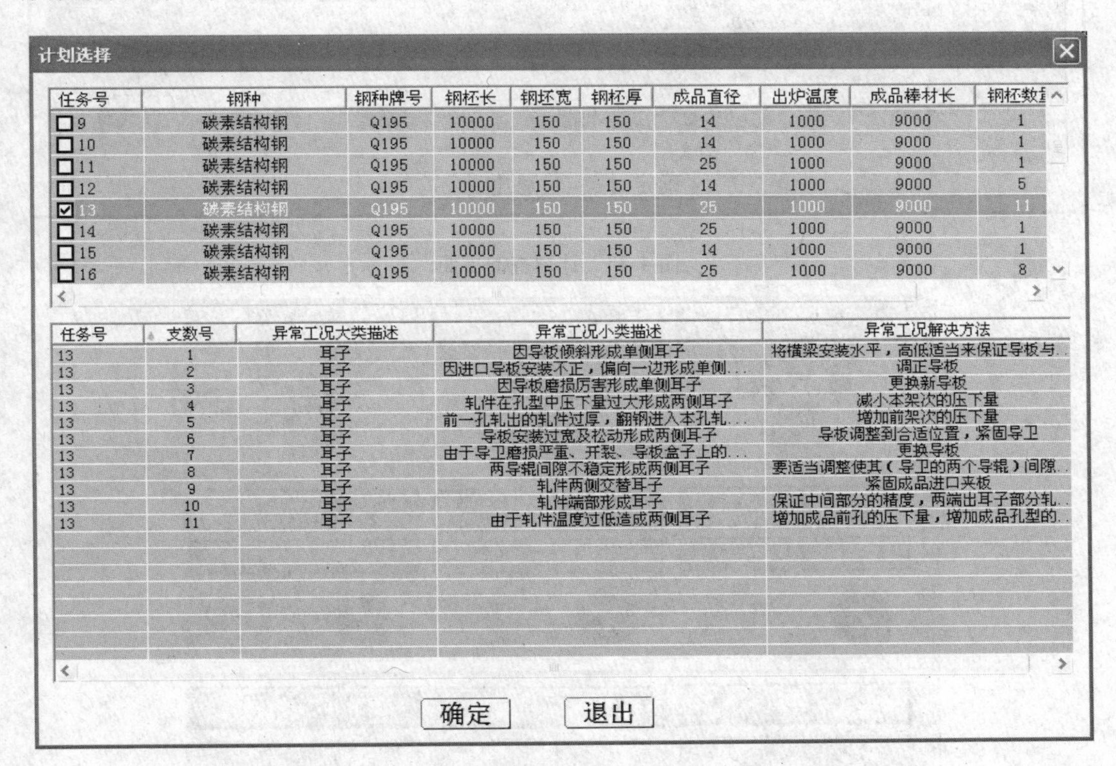

任务号	钢种	钢种牌号	钢柸长	钢坯宽	钢柸厚	成品直径	出炉温度	成品棒材长	钢柸数量
☐ 9	碳素结构钢	Q195	10000	150	150	14	1000	9000	1
☐ 10	碳素结构钢	Q195	10000	150	150	14	1000	9000	1
☐ 11	碳素结构钢	Q195	10000	150	150	25	1000	9000	1
☐ 12	碳素结构钢	Q195	10000	150	150	14	1000	9000	5
☑ 13	碳素结构钢	Q195	10000	150	150	25	1000	9000	11
☐ 14	碳素结构钢	Q195	10000	150	150	25	1000	9000	1
☐ 15	碳素结构钢	Q195	10000	150	150	14	1000	9000	1
☐ 16	碳素结构钢	Q195	10000	150	150	25	1000	9000	8

任务号	支数号	异常工况大类描述	异常工况小类描述	异常工况解决方法
13	1	耳子	因导板倾斜形成单侧耳子	将横梁安装水平，高低适当来保证导板与...
13	2	耳子	因进口导板安装不正，偏向一边形成单侧...	调正导板
13	3	耳子	因导板磨损厉害形成单侧耳子	更换新导板
13	4	耳子	轧件在孔型中压下量过大形成两侧耳子	减小本架次的压下量
13	5	耳子	前一孔轧出的轧件过厚，翻钢进入本孔轧...	增加前架次的压下量
13	6	耳子	导板安装过宽及松动形成两侧耳子	导板调整到合适位置，紧固导卫
13	7	耳子	由于导卫磨损严重、开裂、导板盒子上的...	更换导板
13	8	耳子	两导辊间隙不稳定形成两侧耳子	要适当调整使其（导卫的两个导辊）间隙...
13	9	耳子	轧件两侧交替耳子	紧固成品进口夹板
13	10	耳子	轧件端部形成耳子	保证中间部分的精度，两端出耳子部分轧...
13	11	耳子	由于轧件温度过低造成两侧耳子	增加成品前孔的压下量，增加成品孔型的...

图 4-34　计划选择界面

（4）点击 操作台 按钮，弹出操作台界面，然后分别将 1 ~ 18 号架轧机状态由“就地”状态切换到“集中”状态，再分别将粗轧区、中轧区、精轧区的轧机启动，操作完效果如图 4-36 所示。

（5）在系统主界面切换按钮上点击 轧机监控 按钮，界面如图 4-37 所示。

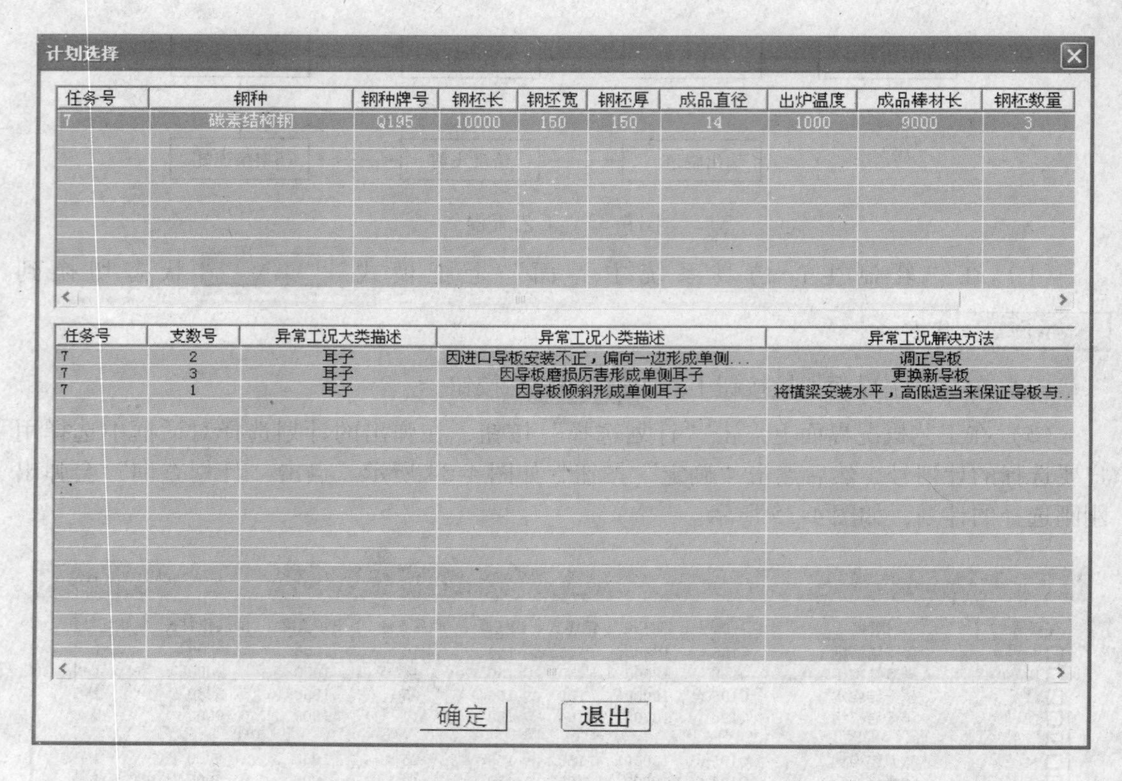

图 4-35　计划查询界面

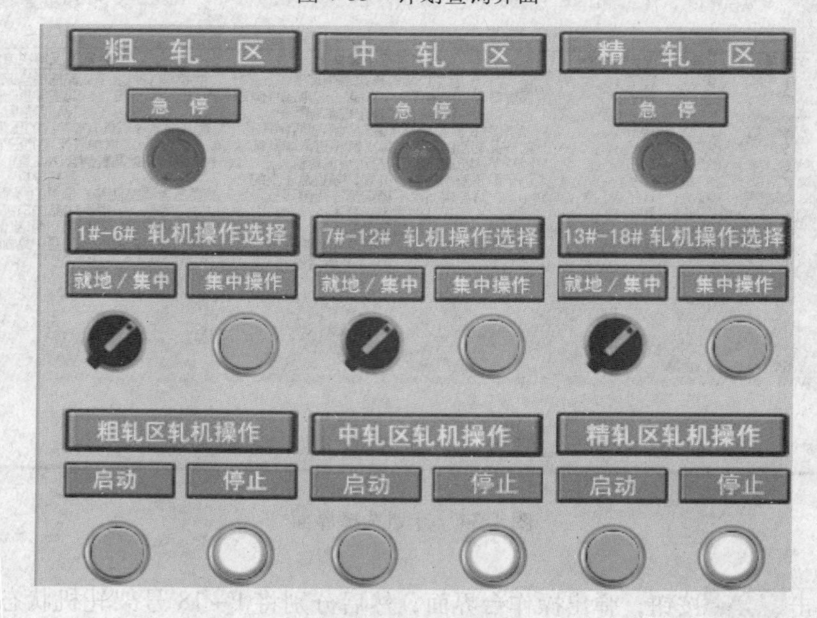

图 4-36　操作完效果

（6）在轧机监控界面上点击“监控曲线”弹出曲线监控界面，点击 1 ~ 18 号架轧机，分别查看轧机的设定转速、实际电流、实际转速体现的曲线图。效果如图 4-38 所示。

山东星科智能科技有限公司
Shandong XingKe Intelligent Technology CO.,LTD

轧钢（小型材）生产仿真实训系统-轧机轧机监控

工艺概况　轧机监控　张力活套　轧制参数　工艺跟踪　主页　退出

机架号	1#	2#	3#	4#	5#	6#	7#	8#	9#	10#
延伸率设定值	0.000	0.000	0.000	0.000	0.000	0.000	0.000	0.000	0.000	0.000
延伸率运行值	0.000	1.000	1.000	1.000	1.000	1.000	1.000	1.000	1.000	1.000
动态速降补偿(%)	0.0	0.0	0.0	0.0	0.0	0.0	0.0	0.0	0.0	0.0
自适应延伸率										
速度手动调节量	0.000	0.000	0.000	0.000	0.000	0.000	0.000	0.000	0.000	0.000
出口线速度(m/s)	0.000	0.000	0.000	0.000	0.000	0.000	0.000	0.000	0.000	0.000
电机转速(r/min)	0.0	0.0	0.0	0.0	0.0	0.0	0.0	0.0	0.0	0.0
电机电流(%)	0.0	0.0	0.0	0.0	0.0	0.0	0.0	0.0	0.0	0.0
机架在线/离线	在线	在线	在线	在线	在线	在线	在线	在线	在线	在线

机架号	11#	12#	13#	14#	15#	16#	17#	18#
延伸率设定值	0.000	0.000	0.000	0.000	0.000	0.000	0.000	0.000
延伸率运行值	1.000	1.000	1.000	1.000	1.000	1.000	1.000	1.000
动态速降补偿(%)	0.0	0.0	0.0	0.0	0.0	0.0	0.0	0.0
自适应延伸率			0.000	0.000	0.000	0.000	0.000	0.000
速度手动调节量	0.000	0.000	0.000	0.000	0.000	0.000	0.000	0.000
出口线速度(m/s)	0.000	0.000	0.000	0.000	0.000	0.000	0.000	0.000
电机转速(r/min)	0.0	0.0	0.0	0.0	0.0	0.0	0.0	0.0
电机电流(%)	0.0	0.0	0.0	0.0	0.0	0.0	0.0	0.0
机架在线/离线	在线	在线	在线	在线	在线	在线	在线	在线

粗轧系统检查　中轧精轧系统检查　异常工况解决处理　轧机孔型调整系统　监控曲线　操作台

钢号：　坯料尺寸（mm*mm）　产品尺寸（mm*mm）　末机架速度（m/s）

图 4-37　轧机监控画面

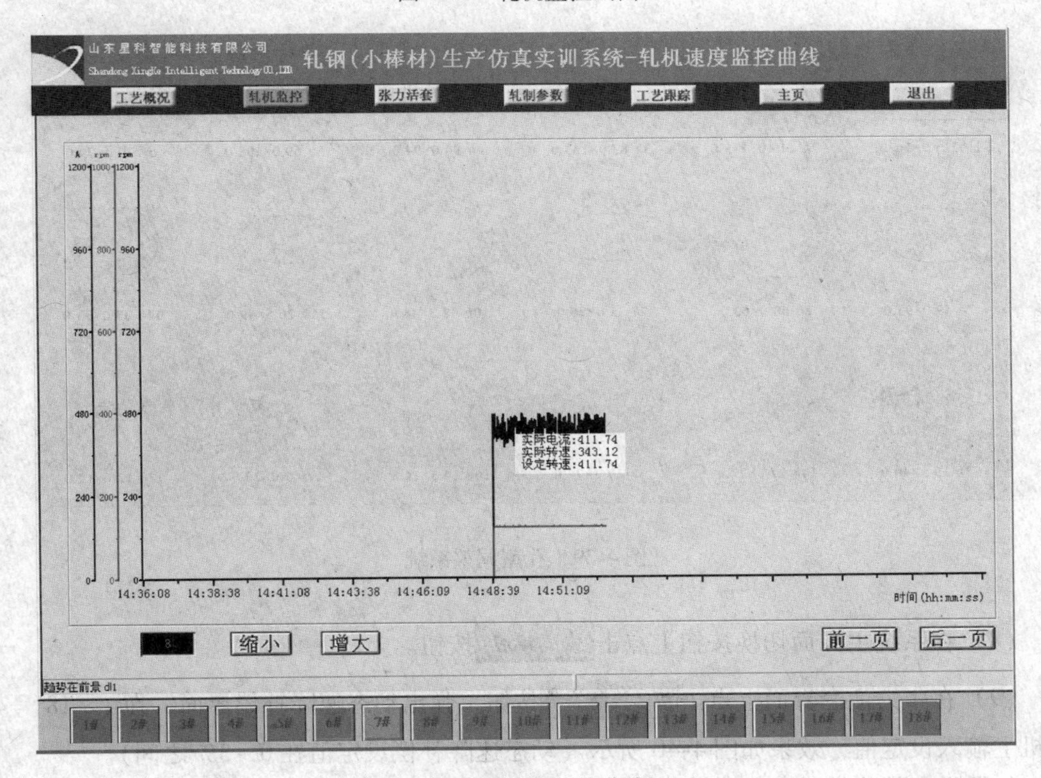

图 4-38　轧机速度监控曲线画面

（7）在轧机监控界面上点击“轧机孔型调整系统”，进入轧机孔型系统，界面如图 4-39 所示。默认选择第一架轧机。

点击平辊调整中[▼]，则被选中的轧机的高度变小；如果点击[▲]，则被选中的轧机高度变大；点击立辊辊调整中[▼]，则被选中的轧机的宽度变小；如果点击[▲]，则被选中的轧机宽度变大。

[改变步长 1.0] 此处可以修改平辊、立辊中变大或变小的数值，点击

[1.0] 弹出 [轧机孔型] 可以输入数据。

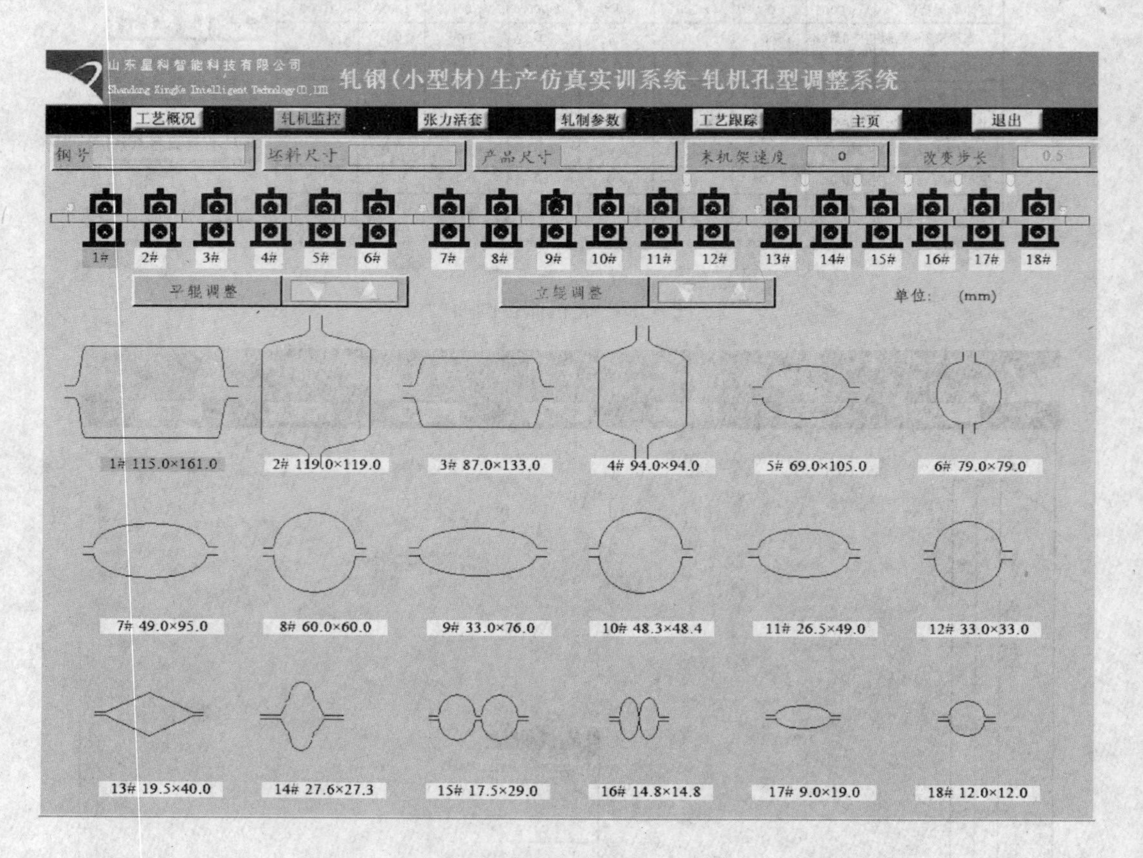

图 4-39　孔型调整系统

（8）在系统主界面切换按钮上点击[张力活套]按钮。

（9）在张力活套界面上点击[动态速降补偿]按钮，弹出动态速降补偿界面，在 1～18 号架轧机上输入设定值，效果如图 4-40 所示（动态速降补偿设定值在 0～3%之间）。

如果设定的值超过 3，则会出现如图 4-41 所示提示。

动态速降补偿设定

动态速降补偿设定

钢号 ***** 　坯料尺寸(mmxmm): ***** 　产品尺寸(mm): ***** 　末机架速度(m/s): 0.000

机架号	1#机架	2#机架	3#机架	4#机架	5#机架	6#机架
动态速降补偿设定值(%)	2.0	3.0	1.0	2.0	0.0	0.0
机架号	7#机架	8#机架	9#机架	10#机架	11#机架	12#机架
动态速降补偿设定值(%)	0.0	0.0	0.0	0.0	0.0	0.0
机架号	13#机架	14#机架	15#机架	16#机架	17#机架	18#机架
动态速降补偿设定值(%)	0.0	0.0	0.0	0.0	0.0	0.0

图 4-40　动态速降补偿设定画面

（10）在张力活套界面上点击 活套参数 按钮，在活套高度设定上面输入值后的效果如图 4-42 所示。

活套修正量的范围是 0～10%，超出该范围，会出现图 4-43 所示提示。

起套延时系数的范围是 200～500，超出该范围，会出现图 4-44 所示提示。

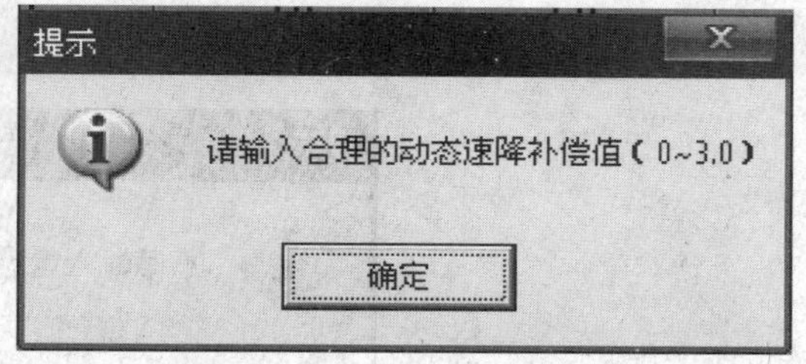

图 4-41　动态速降补偿值超范围提示

（11）在张力活套界面上点击 微张力控制 按钮，弹出张力控制选择界面，在界面中输入张力设定值，效果如图 4-45 所示。

（12）在系统主界面切换按钮上点击“轧制参数”按钮。弹出如图 4-46 所示界面。

（13）在轧制参数的界面上点击“打开 ”按钮，弹出打开对话框，如图 4-47 所示。

选择要轧制的直径参数文件，然后点击“打开”按钮，所选择的参数将显示在该界面对应的界面中。如图 4-48 所示。

（14）点击轧制参数界面上的“计算”按钮，最后一排的电机转速将会被计算出来，界面如图 4-49 所示。

（15）点击轧制参数界面上的“下载”按钮，出现提示，如图 4-50 所示。点击“确定”，数据将下载到 PLC 中。如果工作辊径和延伸率分别设置为 0 和 1，则表示该机架离线，在轧机监控界面上该机架显示离线。

活套高度设定

☐ 活套优化选择

活套高度设定

钢号　坯料尺寸(mm×mm):　产品尺寸(mm):　末机架速度(m/s):

*****　*****　*****　0.000

活套编号	1#活套	2#活套	3#活套	4#活套	5#活套	6#活套	7#活套
活套设定高度(mm)		2	0	0	0	0	0
活套实际高度(mm)		0	0	0	0	0	0
活套调节器		投入	关断	关断	关断	关断	关断
活套修正量(%)		5.000	0.000	0.000	0.000	0.000	0.000
活套扫描器							
起套延时系数		300.00	0.00	0.00	0.00	0.00	0.00
起套延时时间(ms)		0	0	0	0	0	0
落套延时时间(x10ms)		0	0	0	0	0	0
活套落套速度补偿(%)		0.0	0.0	0.0	0.0	0.0	0.0
活套应急选择		关断	关断	关断	关断	关断	关断
起套辊测试:		收回	收回	收回	收回	收回	收回

图 4-42　活套高度设定画面

图 4-43　活套修正量

图 4-44　起套延时系数

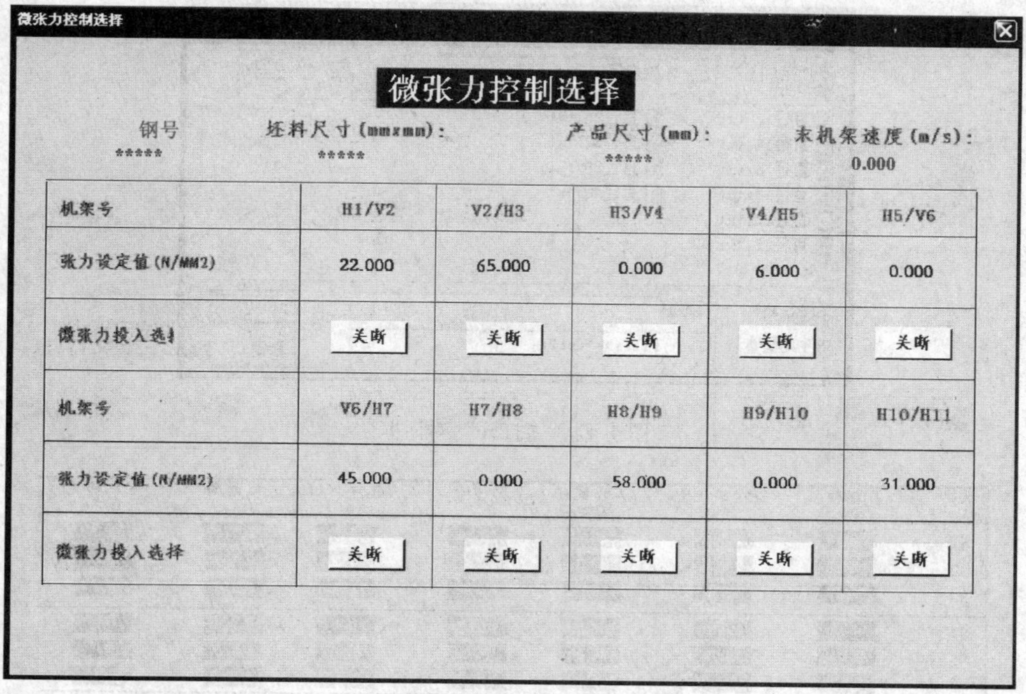

微张力控制选择

微张力控制选择

钢号	坯料尺寸(mmxmm):	产品尺寸(mm):	末机架速度(m/s):
*****	*****	*****	0.000

机架号	H1/V2	V2/H3	H3/V4	V4/H5	H5/V6
张力设定值(N/MM2)	22.000	65.000	0.000	6.000	0.000
微张力投入选	关断	关断	关断	关断	关断
机架号	V6/H7	H7/H8	H8/H9	H9/H10	H10/H11
张力设定值(N/MM2)	45.000	0.000	58.000	0.000	31.000
微张力投入选择	关断	关断	关断	关断	关断

图 4-45　微张力控制选择画面

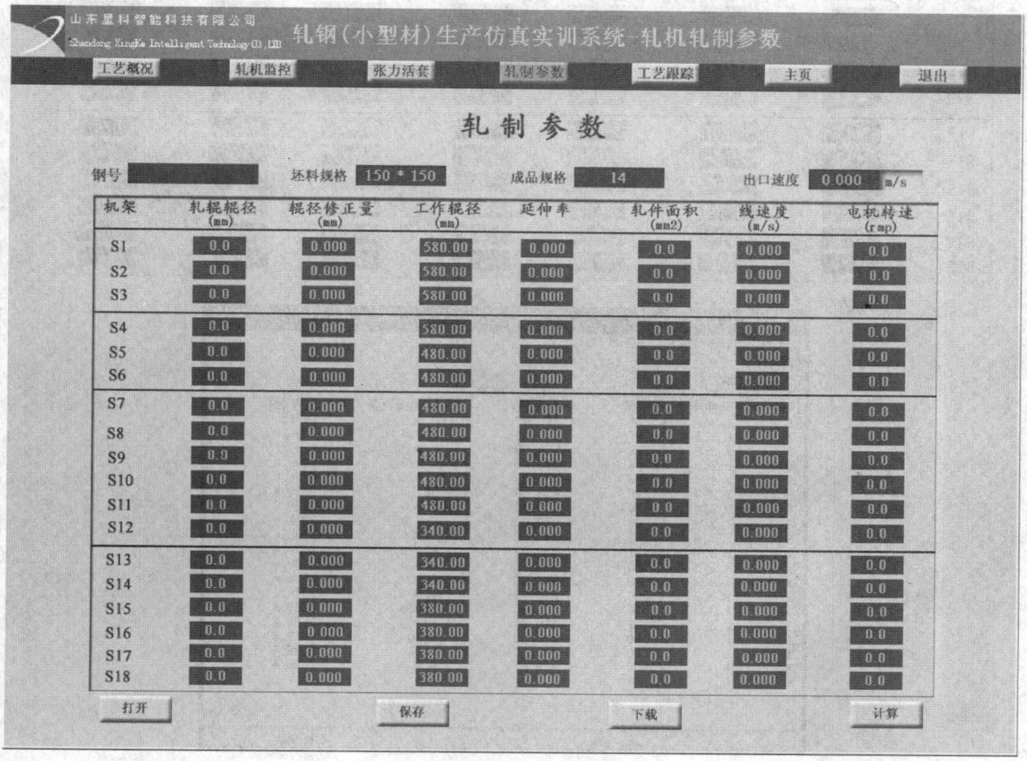

山东星科智能科技有限公司
Shandong XingKe Intelligent Technology CO.,LTD
轧钢（小型材）生产仿真实训系统-轧机轧制参数

工艺概况　轧机监控　张力活套　轧制参数　工艺跟踪　主页　退出

轧 制 参 数

钢号　　坯料规格 150 * 150　　成品规格 14　　出口速度 0.000 m/s

机架	轧辊辊径(mm)	辊径修正量(mm)	工作辊径(mm)	延伸率	轧件面积(mm2)	线速度(m/s)	电机转速(rmp)
S1	0.0	0.000	580.00	0.000	0.0	0.000	0.0
S2	0.0	0.000	580.00	0.000	0.0	0.000	0.0
S3	0.0	0.000	580.00	0.000	0.0	0.000	0.0
S4	0.0	0.000	580.00	0.000	0.0	0.000	0.0
S5	0.0	0.000	480.00	0.000	0.0	0.000	0.0
S6	0.0	0.000	480.00	0.000	0.0	0.000	0.0
S7	0.0	0.000	480.00	0.000	0.0	0.000	0.0
S8	0.0	0.000	480.00	0.000	0.0	0.000	0.0
S9	0.0	0.000	480.00	0.000	0.0	0.000	0.0
S10	0.0	0.000	480.00	0.000	0.0	0.000	0.0
S11	0.0	0.000	480.00	0.000	0.0	0.000	0.0
S12	0.0	0.000	340.00	0.000	0.0	0.000	0.0
S13	0.0	0.000	340.00	0.000	0.0	0.000	0.0
S14	0.0	0.000	340.00	0.000	0.0	0.000	0.0
S15	0.0	0.000	380.00	0.000	0.0	0.000	0.0
S16	0.0	0.000	380.00	0.000	0.0	0.000	0.0
S17	0.0	0.000	380.00	0.000	0.0	0.000	0.0
S18	0.0	0.000	380.00	0.000	0.0	0.000	0.0

打开　保存　下载　计算

图 4-46　轧制参数画面

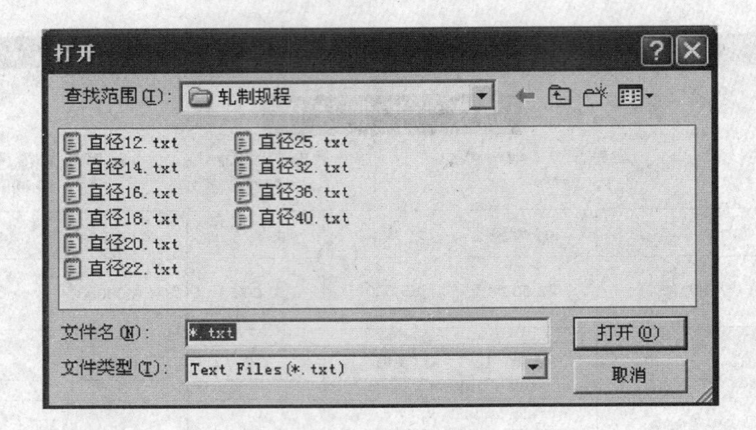

图 4-47　“打开”对话框

机架	轧辊辊径 (mm)	辊径修正量 (mm)	工作辊径 (mm)	延伸率	轧件面积 (mm2)	线速度 (m/s)	电机转速 (rmp)
S1	580.0	0.000	580.00	1.000	18515.0	0.376	0.0
S2	580.0	0.000	580.00	1.323	14042.0	0.497	0.0
S3	580.0	0.000	580.00	1.254	11808.8	0.614	0.0
S4	580.0	0.000	580.00	1.252	9409.0	0.774	0.0
S5	480.0	0.000	480.00	1.423	7888.0	1.805	0.0
S6	480.0	30.500	480.00	1.220	5026.5	1.348	0.0
S7	480.0	0.000	480.00	1.234	3879.0	1.674	0.0
S8	480.0	0.000	480.00	1.336	2922.4	2.209	0.0
S9	480.0	0.000	480.00	1.239	2389.6	2.762	0.0
S10	480.0	17.750	480.00	1.277	2002.4	3.471	0.0
S11	480.0	0.000	480.00	0.998	2389.6	0.000	0.0
S12	340.0	0.000	340.00	1.000	2389.6	0.000	0.0
S13	340.0	0.000	340.00	1.000	2389.6	0.000	0.0
S14	340.0	0.000	340.00	1.000	2389.6	0.000	0.0
S15	380.0	13.000	380.00	1.270	1558.2	4.377	0.0
S16	380.0	18.000	380.00	1.360	1017.8	6.000	0.0
S17	380.0	0.000	380.00	1.000	2389.6	0.000	0.0
S18	380.0	0.000	380.00	1.000	2389.6	0.000	0.0

直径36. txt - 记事本

文件(F)　编辑(E)　格式(O)　查看(V)　帮助(H)

直径36 用11#、12#、13#、14#、17#、18#
M16#出口线速度 6
L活套高度 2#Y110 3#NO 4#NO 5#Y170 6#NO 7#NO

机架号	延伸率	线速度	轧辊直径	轧辊修正量	轧件面积
S1	1.000	0.376	580.00	0.000	18515.0
S2	1.323	0.497	580.00	0.000	14042.0
S3	1.254	0.614	580.00	0.000	11808.8
S4	1.252	0.774	580.00	0.000	9409.0
S5	1.423	1.805	480.00	0.000	7888.0
S6	1.220	1.348	480.00	30.5	5026.5
S7	1.234	1.674	480.00	0.000	3879.0
S8	1.336	2.209	480.00	0.000	2922.4
S9	1.239	2.762	480.00	0.000	2389.6
S10	1.277	3.471	480.00	17.75	2002.4
S11	0.998	0.000	480.00	0.000	2389.6
S12	1.000	0.000	340.00	0.000	2389.6
S13	1.000	0.000	340.00	0.000	2389.6
S14	1.000	0.000	340.00	0.000	2389.6
S15	1.270	4.377	380.00	13.00	1558.2
S16	1.360	6.000	380.00	18.0	1017.8
S17	1.000	0.000	380.00	0.000	2389.6
S18	1.000	0.000	380.00	0.0	2389.6

Ln 1, Col 1

图 4-48　直径参数文件

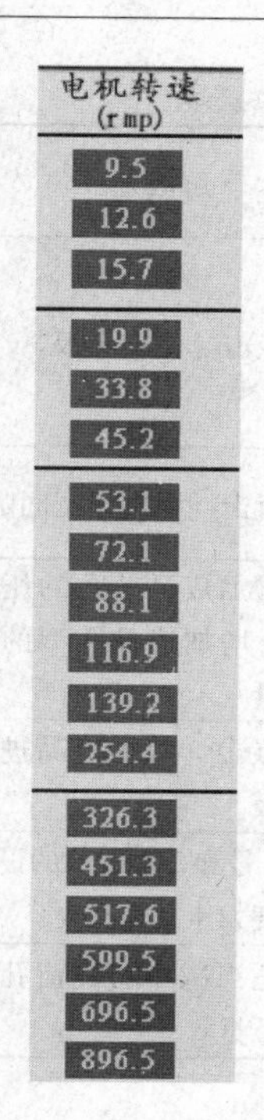

图4-49　电机转速计算值

图4-50　下载提示框

（16）在系统主界面切换按钮上点击“工艺概况”按钮。

（17）点击工艺概况界面上的“开始轧制”按钮，此时系统将会开始轧制。虚拟界面将会显示小型材的整个轧制的过程。

4.3.6　轧制工况（包含异常工况解决方法）

异常工况表见表4-6。

表4-6　异常工况表

异常工况大类	异常工况小类	异常工况小类描述	原　因	解决方法	评分项
耳子	单侧耳子	因进口导板安装不正，偏向一边形成单侧耳子	进口导板安装不正，偏向一边	点击［调正导板］	异常工况没有解决，该块钢就是不合格的
		因导板磨损厉害形成单侧耳子	导板磨损厉害	点击［更换导板］	
		因导板倾斜形成单侧耳子	导板倾斜	点击［对正导板］	
	两侧耳子	轧件在孔型中压下量过大形成两侧耳子	轧件在孔型中压下量过大	减小成品孔压下量	
		前一孔轧出的轧件过厚，翻钢进入本孔轧制形成两侧耳子	前一孔轧出的轧件过厚，翻钢进入本孔轧制	增加前架次的压下量	
		导板安装过宽及松动形成两侧耳子	导板安装过宽及松动	点击［紧固导卫］	

续表 4-6

异常工况大类	异常工况小类	异常工况小类描述	原　因	解决方法	评分项
耳子	两侧耳子	由于导卫磨损严重、开裂，导板盒子上的螺丝滑丝，弹簧板开裂，间隙过大出现两侧耳子	导卫磨损严重、开裂，导板盒子上的螺丝滑丝，弹簧板开裂，间隙过大	点击［更换导板］	异常工况没有解决，该块钢就是不合格的
		两导辊间隙不稳定形成两侧耳子	导辊长时间使用导致两导辊间隙不稳定	点击［调整导辊间隙］	
		由于轧件温度过低造成两侧耳子	轧件温度过低	增加成品前孔的压下量，增加成品孔型的压下量	
	轧件两侧交替耳子	轧件两侧交替耳子	进口夹板在夹板盒中装得松	点击［紧固成品进口夹板］	
	轧件端部形成耳子	轧件端部形成耳子	轧件端部冷却较快	1 号和 2 号飞剪的设置长度大于默认长度。	
折叠	折叠	由耳子造成的折叠	由成品前孔出现耳子造成的折叠	适当减小精轧前孔的压下量	
		导卫装置划伤轧件，造成折叠	导卫装置（本身有突刺或者内表面不光滑如有黏得体皮）划伤轧件，造成折叠	点击［更换导板］	
镰刀弯	镰刀弯	由于轧辊不水平，轧件宽度上压下量不均造成镰刀弯	轧辊不水平，轧件宽度上压下量不均	点击［调整 K1 轧辊到水平位置］	
		由于轧件厚度不均匀造成镰刀弯	K1 轧辊水平但进料厚薄不均，K2 轧辊倾斜	点击［调整 K2 轧辊到水平位置］	
		K1 轧辊水平但进料厚薄不均，K2 轧辊掉肉导致镰刀弯	K1 轧辊水平但进料厚薄不均，K2 轧辊掉肉	点击［更换 K2 轧辊］	
		因轻度轴瓦或轴承磨损导致镰刀弯	轻度轴瓦或轴承磨损	调整压下（或压上）螺丝，点击［操作侧抬起］	
		因轴瓦或轴承磨损严重导致的镰刀弯	轴瓦或轴承磨损严重	更换轴瓦	
		由于卫板水平方向偏向操作侧导致镰刀弯	卫板安装不正，水平方向偏向一边（假定是操作侧）	点击［向传动侧调正卫板］	
		轧件往上翘	导板安装不正，低于轧制线（轧件往上翘）	点击［调高导板至与轧制线水平］	
		导板安装不正轧件下扣	导板安装不正，高于轧制线（轧件往下扣）	点击［调低导板至与轧制线水平］	

续表 4-6

异常工况大类	异常工况小类	异常工况小类描述	原　因	解决方法	评分项
成品尺寸不合格	成品垂直直径不合格	成品垂直直径不合格	成品孔型高度不合理	调节成品孔型高度	异常工况没有解决，该块钢就是不合格的
	成品水平直径不合格	成品水平直径不合格	成品前孔型高度不合理	调节成品前孔型高度	
	两肩尺寸不合格	成品两肩尺寸不合格	成品孔上下轧槽有轴向错动	作轴向调节，使上下轧槽对正	
	整根的两线差一致	由于预切分导卫安装偏向操作侧导致整根两线差一致	由于预切分导卫安装偏向操作侧导致整根两线差一致	点击［向传动侧调整预切分导卫］	
麻点	麻点	由于孔型表面磨损起毛造成麻点	孔型表面磨损起毛	点击［更换轧辊］	
刮伤	刮伤	刮伤	导板侧壁加工不光洁，出口管子表面没有磨光	点击［导板侧壁加工光洁］	
扭转	扭转	成品孔型的轧辊轴向窜动使轧件歪斜造成轧件断面形状不正确	成品孔型的轧辊轴向窜动使轧件歪斜造成轧件断面形状不正确	点击［调正成品孔，把轧辊轴向固定牢］	
		成品前孔型的轧辊轴向窜动使轧件歪斜造成轧件断面形状不正确	成品前孔型的轧辊轴向窜动使轧件歪斜造成轧件断面形状不正确	点击［调正成品前孔，把轧辊轴向固定牢］	
		窜辊造成的扭转	窜辊造成的扭转	点击［固定轧机］	
		成品前轧机（K2）横梁安装倾斜造成扭转	成品前轧机（K2）横梁安装倾斜	点击［调整横梁至水平位置］	
		成品轧机（K1）入口夹板盒内夹板位置倾斜导致扭转	成品轧机（K1）入口夹板盒内夹板位置倾斜	点击［调正夹板］	
		由于两块夹板上下错动造成扭转	两块夹板上下错动	点击［调整入口两块夹板上下对正］	
		由于入口夹板太松造成扭转	入口夹板太松	点击［紧固入口夹板］	
		由于轧件的高度与宽度之比值太大造成的扭转	轧件的高度与宽度之比值太大	调整合适的轧件的高度和宽度的比例	
		由于入口导辊间隙太大导致扭转	入口导辊间隙太大	更换导辊	
		由轧辊轴瓦磨损不均导致扭转	轧辊轴瓦磨损不均	更换轴瓦	
		由于入口夹板磨损严重导致扭转	入口夹板磨损严重	点击［更换导板］	
结疤	结疤	结疤	轧件头部温度过低在轧槽表面产生压痕	换槽，加大切头长度将头部黑钢切去	

情境5　棒材精整仿真操作

任务5.1　精整虚拟界面认知

精整虚拟界面按键介绍。图5-1所示为精整虚拟界面。

F1：视角定在升降自动裙板；

F2：视角定在冷床；

F3：视角定在冷床输出设备；

F4：视角定在定尺剪切机；

PgUp，PgDn：调整亮度；

在F4视角下：W，S，A，D前后左右移动位置，R，F上下移动摄像机位置；

鼠标右击拖动鼠标绕y轴旋转摄像机。

冷床升降自动裙板

冷床

冷床输出设备

定尺剪切机

图5-1　精整虚拟界面

任务 5.2　冷床和定尺剪切操作

5.2.1　冷床和定尺剪切系统认知

系统主界面如图 5-2 所示。

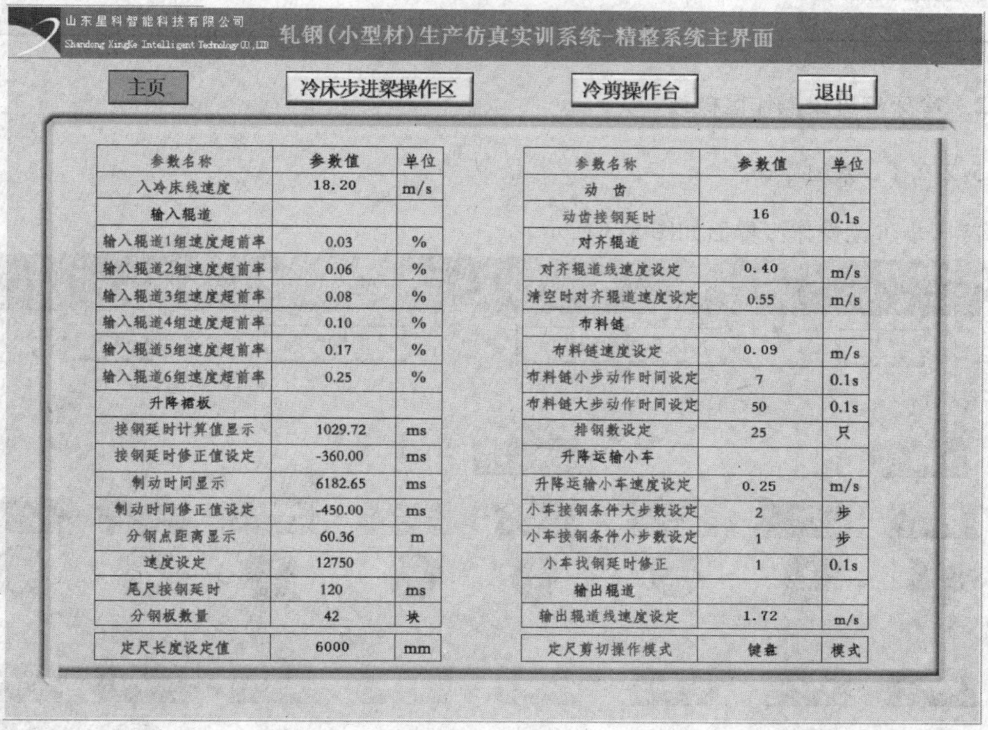

山东星科智能科技有限公司
Shandong XingKe Intelligent Technology CO.,LTD
轧钢（小型材）生产仿真实训系统-精整系统主界面

主页　冷床步进梁操作区　冷剪操作台　退出

参数名称	参数值	单位
入冷床线速度	18.20	m/s
输入辊道		
输入辊道1组速度超前率	0.03	%
输入辊道2组速度超前率	0.06	%
输入辊道3组速度超前率	0.08	%
输入辊道4组速度超前率	0.10	%
输入辊道5组速度超前率	0.17	%
输入辊道6组速度超前率	0.25	%
升降裙板		
接钢延时计算值显示	1029.72	ms
接钢延时修正值设定	-360.00	ms
制动时间显示	6182.65	ms
制动时间修正值设定	-450.00	ms
分钢点距离显示	60.36	m
速度设定	12750	
尾尺接钢延时	120	ms
分钢板数量	42	块
定尺长度设定值	6000	mm

参数名称	参数值	单位
动齿		
动齿接钢延时	16	0.1s
对齐辊道		
对齐辊道线速度设定	0.40	m/s
清空时对齐辊道速度设定	0.55	m/s
布料链		
布料链速度设定	0.09	m/s
布料链小步动作时间设定	7	0.1s
布料链大步动作时间设定	50	0.1s
排钢数设定	25	只
升降运输小车		
升降运输小车速度设定	0.25	m/s
小车接钢条件大步数设定	2	步
小车接钢条件小步数设定	1	步
小车找钢延时修正	1	0.1s
输出辊道		
输出辊道线速度设定	1.72	m/s
定尺剪切操作模式	键盘	模式

图 5-2　系统主界面

冷床运行过程中的参数设定和显示：用户在参数值范围内单击鼠标，在弹出的输入数据对话框中输入要输入的数据然后点击“确定”按钮。

控件功能详细说明见表 5-1。

表 5-1　控制功能说明（升降裙板工作行程为 115 ~ 120mm）

按钮名称	功能说明	辅助说明
主页	切换到主页	
冷床步进梁操作区	切换到冷床步进梁操作区界面	
冷剪操作台	切换到冷剪操作台界面	
退出	退出程序	
入冷床线速度	进入冷床线速度参照值	3.0 ~ 21.0m/s
动齿接钢延时	动齿接钢延时显示	1.6s
对齐辊道线速度设定	控制对齐辊道运动速度	当速度为 0 时停止运动， 速度范围 0.30 ~ 1.0m/s

续表 5-1

按钮名称	功能说明	辅助说明
布料链速度设定	控制布料辊道运动速度	范围为 0.10～1.00m/s
升降运输小车速度设定	升降运输小车速度设定	0.25～0.46m/s，升降行程为 145mm，小车行程为 2935mm
输出辊道线速度设定	设定不同规格钢的输出辊道速度	1.63～1.72m/s
定尺长度设定值	设置剪切定尺的长度	6000～12000mm

5.2.2 冷床步进梁操作区概述

5.2.2.1 系统界面

冷床步进梁操作区界面如图 5-3 所示。

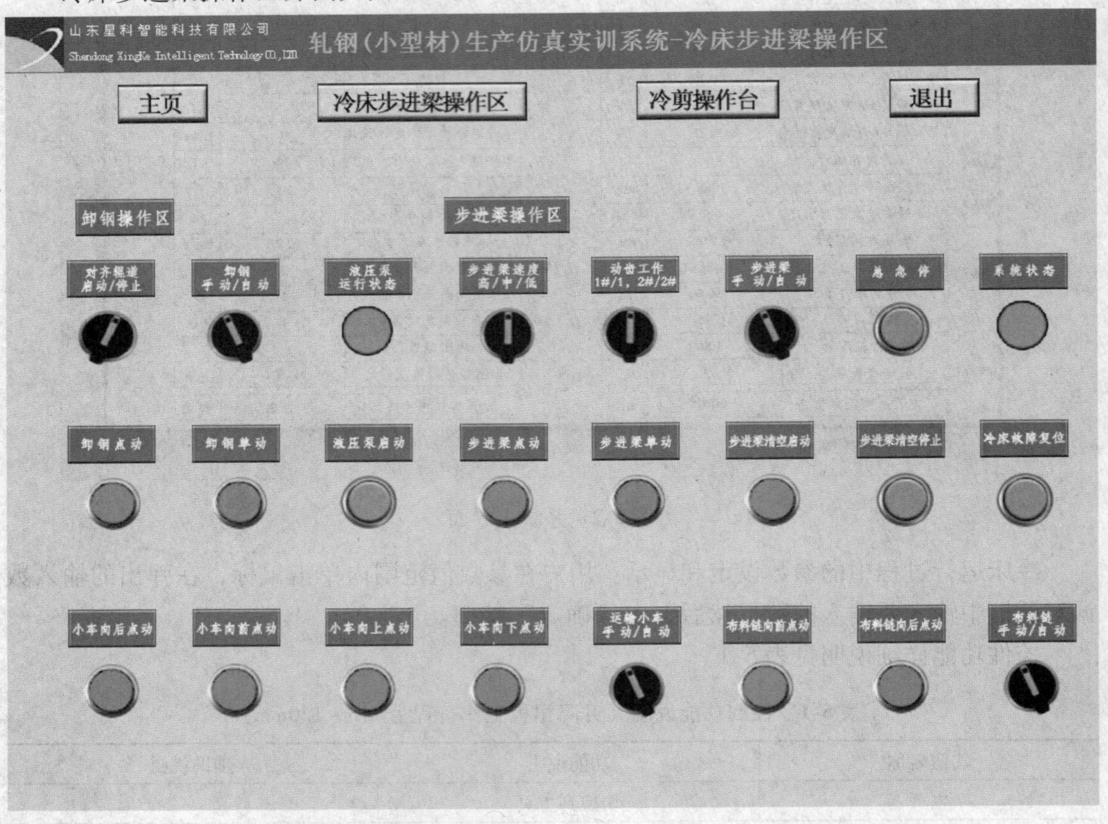

图 5-3 冷床步进梁操作区界面

5.2.2.2 操作流程

(1) 选择卸钢状态为“自动”，然后选择步进梁速度为高速。

（2）选择动齿工作为“1#”

，选择步进梁控制方式为自动

。

（3）点击液压泵，如果棒材满了点击“步进梁清空启动”按钮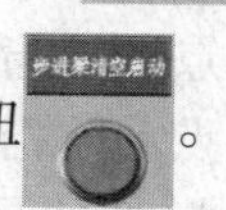

。

（4）开启运输小车方式为自动

，最后选择布料链的启动方式为自动模式

。如果想以手动方式开启，需要将开关置为手动，然后点击相应的单动、点动按钮进行控制。

5.2.2.3　操作规程

（1）冷床升降裙板操作规程。

1）“取消”指的是将原有的“卸钢高速、中速、低速”取消，其速度设定可由工艺键盘完成。

2）“手/自动”指的是卸钢操作是人工进行（手动）还是控制系统按照程序自动进行。操作台的操作只有在“手动”情况下才能进行，“自动”情况下无效。转换开关由自动到手动，此部分即由自动控制部分切除。操作台上其他部分“手/自动”的说明同此。

3）“点动”指的是操作人员每点按一下按钮，裙板即执行“高—低—中”和“中—高”两步中的一步且依次和循环执行。

4）“单动”指的是操作人员每点按一下按钮，裙板即执行一个“高—低—中”和“中—高”两步动作的周期。

（2）冷床动齿梁操作规程。

1）动齿速度可作“低速、中速、高速”，切换。

2）“1#/1”、“2#/2#动齿”指的是对“1#动齿工作”、“1#、2#动齿同时工作”和“2#动齿工作”三种工作方式的选择。

3）“单动”指的是操作人员每点按一下按钮，动齿即完成“抬起—放下”一个周期。

4）“点动”同“单动”。

5）“清空启动”指的是在生产即将完成或是冷床之前流程出现故障的情况下，为了将冷床之后的流程继续正常运行，操作人员点击“清空启动”按钮，冷床则继续倒出剩余钢材，直到系统接到“清空停止”命令。

6）“清空停止”指的是在冷床上的钢材已经清空时，操作人员点下此钮，动齿即停止动作。

（3）冷床步进链操作规程。

1）“向后点动”指的是操作人员按住此钮，步进链即按照“点动速度”倒转。

2）“向前点动”指的是操作人员按住此钮，步进链即按照“点动速度”继续向前。

（4）冷床升降运输小车操作规程。

1）“向上点动”指的是操作人员按住此钮，小车即按照“向上点动速度”动作。

2）“向前点动”指的是操作人员按住此钮，小车即按照“向前点动速度”动作。

3）“向下点动”指的是操作人员按住此钮，小车即按照“向下点动速度”动作。

4）“向后点动”指的是操作人员按住此钮，小车即按照“向后点动速度”动作。

5）“单动”指的是操作人员点按一下此钮，小车即按照“托料位—上托—前行—停止位—放料—后退—托料位”的步骤动作一个周期。

控件功能的详细说明见表5-2。

表5-2　控件功能详细说明

按钮或状态显示名称	功能说明	辅助说明
主页	切换到主页	
冷床步进梁操作区	切换到冷床步进梁操作区界面	
冷剪操作台	切换到冷剪操作台界面	
退出	退出程序	
对齐辊道（启动/停止）	启动对齐辊道	启动默认状态为停止，一旦用户启动后，就向服务器发送对齐辊道对齐速度设定信息；一旦启动后，若用户想停止则提示用户“钢材需要对齐，不能停止对齐辊道”
卸钢（手动/自动）	切换卸钢操作方式	
步进梁速度（高/中/低）	切换速度	
动齿工作（1#/1，2#/2#）	切换动齿工作	
步进梁（手动/自动）	切换步进梁操作方式	
总急停	急停冷床系统	急停后系统状态红色显示
卸钢点动		
卸钢单动		
液压泵启动	启停液压泵	点击一次液压泵启动，再次点击液压泵停止
步进梁点动		
步进梁单动		
步进梁清空启动		
步进梁清空停止	提示	提示用户信息“冷床上的钢材已经清空时，点下此按钮，动齿即停止动作！”
冷床故障复位	冷床系统故障复位	系统状态绿色显示
小车向后点动		
小车向前点动		
小车向上点动		
小车向下点动		
运输小车（手动/自动）	切换运输小车操作方式	
布料链向前点动		
步进梁向后点动		
布料链（手动/自动）	切换布料链操作方式	
液压泵运行状态	显示液压泵启停状态	启动绿色显示，停止红色显示
系统状态	显示冷床系统状态	正常绿色显示，急停故障红色显示

5.2.3　冷剪操作台

5.2.3.1　系统界面

冷剪操作台系统界面如图 5-4 所示。

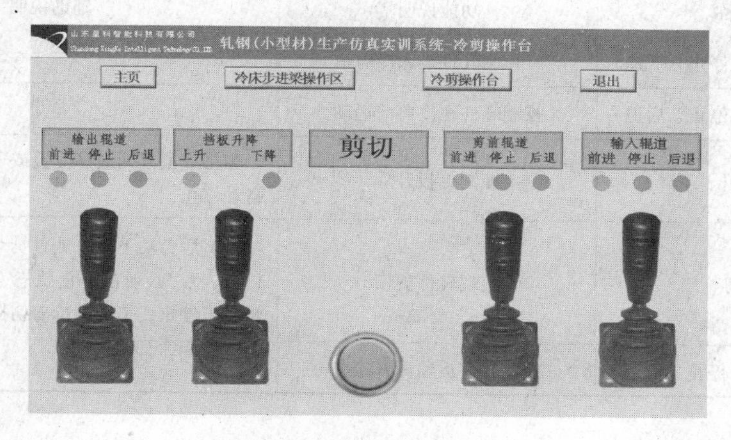

图 5-4　冷剪操作台系统界面

5.2.3.2　操作流程

机械控制钢筋定位，然后进行剪切。可作冷剪切头、切尾、切定尺等监控操作。

（1）当一堆轧件运到辊道上时，在辊道作用下向前运动，可以通过操作台控制辊道实现轧件向前或者向后移动。

（2）当轧件运动到定尺剪切机时，停止辊道，控制剪刀下落，剪掉轧件的头部，剪刀回到初始位置，轧件头部掉落下落。

（3）控制挡板升起，控制辊道，使轧件向前运动，当轧件遇到挡板时就停下来，控制剪刀下落剪定尺，剪刀回去，挡板下降，剪下来的轧件继续向前运动，剩下的轧件也向前运动，当剪下来的轧件位置超过挡板时，挡板又上升挡住剩下的轧件，就这样不断地切定尺轧件。

（4）辊道上轧件不足定尺时，控制轧件的运动，剪掉轧件的尾部，轧件的尾部落下，轧件继续向前运动。

1）首先将输入辊道按钮置为前进状态，然后一次开剪切辊道为前进状态。

2）然后调节到适当位置，单击“剪切”按钮，然后选择挡板下降。

3）最后选择输出辊道前进。

4）以上操作如果微调的话可以选择停止或者后退，将棒材调节到最佳的位置，然后进行剪切和运送。

控件功能详细说明见表 5-3。

表 5-3　控件功能说明

按钮名称	功能说明	辅助说明
输入辊道（前进、停止、后退）	控制轧件进入冷剪	
剪前辊道（前进、停止、后退）	控制轧件在冷剪前运动	
挡板升降（上升、下降）	控制挡板升降	当挡板上升到最高位置或下降到最低位置时自动停止
剪　切	实现轧件剪切	点击后自动下降将轧件剪切，然后升到上位（剪前辊道必须在停止状态，否则提示“剪前辊道未停止，不能进行剪切操作！”）
输出辊道（前进、停止、后退）	控制轧件运输离开冷剪	

任务 5.3　棒材收集打包入库

收集打包虚拟界面按键介绍。收集打包虚拟界面如图 5-5 所示。

F1：视角定在液压平托机。

F2：视角定在收集臂。

F3：视角定在打捆成型装置。

F4：视角定在升降运输链。

F5：视角定在成品台架。

F6：视角跟随钢坯走一个流程。

PgUp，PgDn：调整亮度。

在仿真实训系统中，有着与生产实际相一致的液压平托机、链式运输机和收集臂、打捆成型装备、升降运输链和成品收集台架等虚拟设备。

液压平托机

链式运输机和收集臂

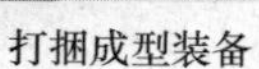
打捆成型装备

升降运输链

成品收集台架

图 5-5　收集打包虚拟界面

参 考 文 献

[1] 赵松筠，唐文林，赵静．棒线材轧机计算机孔型设计［M］. 北京：冶金工业出版社，2011.
[2] 张海，王勇，迟桂勇，等．热轧棒线材力学性能数学［M］. 北京：冶金工业出版社，2011.
[3] 高速轧机线材生产编写组．高速轧机线材生产［M］. 北京：冶金工业出版社，1995.
[4] 崔艳．国内棒材生产线生产工艺及设备综述［J］. 重型机械科技，2004（4）：37～49.
[5] 小型型钢连轧生产工艺与设备编写组．小型型钢连轧生产工艺与设备［M］. 北京：冶金工业出版社，1999.
[6] 线材生产编写组．线材生产［M］. 北京：冶金工业出版社，1986.
[7] 王有铭，李曼云，韦光．钢材的控制轧制和控制冷却（第 2 版）［M］. 北京：冶金工业出版社，2009.
[8] 王廷溥，齐克敏．金属塑性加工学-轧制理论与工艺（第 2 版）［M］. 北京：冶金工业出版社，2011.
[9] 赵松筠，唐文林．型钢孔型设计［M］. 北京：冶金工业出版社，2000.

冶金工业出版社部分图书推荐

书名	作者	定价（元）
现代企业管理（第2版）（高职高专教材）	李　鹰	42.00
Pro/Engineer Wildfire 4.0（中文版）钣金设计与焊接设计教程（高职高专教材）	王新江	40.00
Pro/Engineer Wildfire 4.0（中文版）钣金设计与焊接设计教程实训指导（高职高专教材）	王新江	25.00
应用心理学基础（高职高专教材）	许丽遐	40.00
建筑力学（高职高专教材）	王　铁	38.00
建筑 CAD（高职高专教材）	田春德	28.00
冶金生产计算机控制（高职高专教材）	郭爱民	30.00
冶金过程检测与控制（第3版）（高职高专国规教材）	郭爱民	48.00
天车工培训教程（高职高专教材）	时彦林	33.00
工程图样识读与绘制（高职高专教材）	梁国高	42.00
工程图样识读与绘制习题集（高职高专教材）	梁国高	35.00
电机拖动与继电器控制技术（高职高专教材）	程龙泉	45.00
金属矿地下开采（第2版）（高职高专教材）	陈国山	48.00
磁电选矿技术（培训教材）	陈　斌	30.00
自动检测及过程控制实验实训指导（高职高专教材）	张国勤	28.00
轧钢机械设备维护（高职高专教材）	袁建路	45.00
矿山地质（第2版）（高职高专教材）	包丽娜	39.00
地下采矿设计项目化教程（高职高专教材）	陈国山	45.00
矿井通风与防尘（第2版）（高职高专教材）	陈国山	36.00
单片机应用技术（高职高专教材）	程龙泉	45.00
焊接技能实训（高职高专教材）	任晓光	39.00
冶炼基础知识（高职高专教材）	王火清	40.00
高等数学简明教程（高职高专教材）	张永涛	36.00
管理学原理与实务（高职高专教材）	段学红	39.00
PLC 编程与应用技术（高职高专教材）	程龙泉	48.00
变频器安装、调试与维护（高职高专教材）	满海波	36.00
连铸生产操作与控制（高职高专教材）	于万松	42.00
小棒材连轧生产实训（高职高专教材）	陈　涛	38.00
自动检测与仪表（本科教材）	刘玉长	38.00
电工与电子技术（第2版）（本科教材）	荣西林	49.00
计算机应用技术项目教程（本科教材）	时　魏	43.00
FORGE 塑性成型有限元模拟教程（本科教材）	黄东男	32.00
自动检测和过程控制（第4版）（本科国规教材）	刘玉长	50.00